Née en 1973, Joy Sorman se consacre d'abord à l'enseignement de la philosophie avant de se diriger vers l'écriture. En 2005, paraît son premier roman *Boys, boys, boys*, lauréat du prix de Flore. En 2013, elle reçoit le prix François-Mauriac de l'Académie française pour *Comme une bête*. En 2014, *La Peau de l'ours* est sélectionné dans la liste Goncourt. *Sciences de la vie* est son treizième livre.

Joy Sorman

SCIENCES DE LA VIE

ROMAN

Éditions du Seuil

TEXTE INTÉGRAL

ISBN 978-2-7578-7156-0
(ISBN 978-2-02-136512-2, 1re publication)

Ne vit en moi que ma vie.

WERNER HERZOG,
L'Énigme de Kaspar Hauser

La famille de Ninon Moise est maudite, marquée depuis toujours du sceau de l'infamie et de l'infection, une malédiction aussi risible que tragique, un sens de la transmission autant que de la contamination, des catastrophes génétiques en chaîne : génération après génération, des récits de maladie, de mauvais sort, de démence et d'envoûtement, une multitude de maux qui frappent systématiquement les filles aînées depuis le XVIe siècle.

L'arbre généalogique de Ninon Moise est une histoire française et pathologique que dessine une multitude de cas médicaux extraordinaires – un mal proliférant qui, de 1518 aux années 2010, a muté à chaque naissance, comme un virus toujours plus rapide que l'humanité qu'il empoisonne, plus rapide que le progrès et la science. On aura beau chercher la santé ou la raison dans les interstices de cette épopée familiale, rien à faire, toutes les aïeules sont folles ou malades, atteintes d'une manière ou d'une autre. Calamité qui n'a jamais empêché ni même freiné la descendance, n'a découragé personne d'enfanter, de poursuivre la farce séculaire – aveuglement stupide et égoïste ou au contraire belle insouciance, confiance dans l'avenir et dans la vie, le principe même de la vie, mouvement, régénération et forces contraires ?

La jeune Ninon Moise est l'héroïne et la dernière-née de cette famille qui s'est méthodiquement déglinguée à travers les siècles, l'héritière d'un imposant matériel génétique, et peut-être, qui sait, l'ultime maillon de cette chaîne, l'achèvement de la funeste lignée.

La première mention de cette malédiction familiale, le point de départ d'une série de métamorphoses cliniques – dont le relevé scrupuleux n'a jamais été interrompu –, et sans doute de modifications délirantes de séquences d'ADN, se trouve aux archives de la ville de Strasbourg : il s'agit d'un cas d'épidémie de danse survenu à l'été 1518 et dont le patient zéro, premier individu infecté, se nomme Marie Lacaze, brodeuse de trente et un ans mariée à un maréchal-ferrant, trois enfants, sans antécédents connus.

Le 14 juillet au matin, Marie se réveille dans un drôle d'état, comme chargée d'électricité – picotements dans les mains et les pieds, élancements dans le bas-ventre, sensation de chaleur sur la nuque, bourdonnements dans les oreilles, cheveux dressés à l'arrière de la tête.

Une bizarrerie dans le corps qui en quelques minutes s'empare de Marie tout entière, s'aggrave et dégénère franchement : devant son mari et ses enfants incrédules, elle commence à se trémousser sans raison, à sautiller en poussant des cris aigus comme si le sol s'était couvert de braises.

Puis Marie Lacaze sort de la maison en trombe et en chemise de nuit, se met à arpenter furieusement les rues, poursuivie par son mari impuissant qui n'ose pas la toucher tant elle a l'air possédée.

Marie danse, acharnée, ne cesse pas de danser, rien ne semble pouvoir l'arrêter, elle fait ainsi plusieurs fois le tour de la ville, les pieds écorchés, en nage, exsangue, le visage creusé par la fatigue, les yeux cernés d'auréoles noires, son corps ne lui appartient plus, elle danse encore, moulinant des bras, levant les genoux, tournant sur elle-même, elle tombe mais se relève aussitôt pour reprendre sa ronde, et ainsi pendant cinq jours et cinq nuits, désespérément mutique.

Mais rapidement Marie n'est plus seule, rejointe dès les premières heures par d'autres danseurs pris de la même fièvre, et ils sont bientôt cinquante dans les rues de Strasbourg, puis deux cents, et quatre cent cinquante le cinquième jour, des femmes, des hommes, et même des enfants, de plus en plus de curieux aussi, qui viennent assister au spectacle de ces fous dont les regards injectés de sang les implorent : leurs visages déformés par la douleur, les doigts crispés par on ne sait quel poison, ils gémissent d'angoisse, demandent de l'aide les yeux révulsés, leur danse frénétique et hachée n'a rien de joyeux, la terreur s'est emparée de la ville, les habitants se calfeutrent de peur d'être contaminés à leur tour. La transe se répand comme une peste, certains finissent par s'écrouler, à bout de souffle, de nerfs et de fatigue, et leurs corps à terre sont encore secoués de spasmes, quelques-uns en meurent, le cœur qui lâche, la nuque qui se rompt, la déshydratation, et on s'empresse de brûler les dépouilles peut-être contagieuses, en tout cas souillées, de ces créatures du diable.

Au cinquième jour, le conseil municipal de Strasbourg se décide enfin à agir et a l'idée saugrenue et géniale d'accompagner cette danse de musiciens professionnels, espérant transformer la folie en fête – car quoi de plus normal que de danser au son des tambourins, des grelots et des violes. Des estrades sont alors montées dans toute la ville, les orchestres se relaient, et en trois jours le mal est éradiqué, les mouvements anormaux se tarissent, les gestes anarchiques et violents se font harmonieux et fluides, la mélodie coule dans les veines comme un antidote, les corps ralentissent puis s'immobilisent ; Marie Lacaze est une des premières à guérir, son pouls redescend, ses bras deviennent mous, puis ses jambes se calment, encore quelques sauts de chat et son corps tout entier est à l'arrêt, délivré.

Marie ne s'en remettra jamais tout à fait, souffrant de crampes, d'asthme, de fourmillements dans les membres, de crises d'angoisse, et ne supportera plus la moindre note de musique – même le babil mélodieux de ses enfants réveillera d'insupportables douleurs.

Les origines de cet épisode de manie dansante n'ont jamais été élucidées, plusieurs hypothèses ont circulé sans qu'aucune s'impose vraiment : empoisonnement au seigle contaminé par une mycotoxine, cérémonie hérétique, alignement défavorable des astres, hystérie collective chez des êtres faibles et enclins aux superstitions, à un même élan de déraison. La plupart des victimes étant d'origine modeste, certains médecins y virent la preuve que les individus pauvres se révèlent plus moutonniers que les autres, davantage sujets aux mouvements de folie. On nota également que, dans les années précédentes, une série d'épidémies et de famines avait frappé Strasbourg et rendu les habitants vulnérables et anxieux – le terrain était donc favorable.

Longtemps après, on envisagea enfin une chorée de Sydenham ou d'Huntington, appelée aussi danse de Saint-Guy, maladie nerveuse qui provoque une congestion des méninges caractérisée par des gestes maladroits et involontaires des membres, une agitation généralisée, des contractions musculaires et des troubles digestifs ; mais comment une telle inflammation aux streptocoques aurait-elle pu frapper Marie Lacaze et se propager de la sorte ?

Esther Moise, lointaine descendante de Marie et mère de Ninon Moise, lui raconte cette histoire dès son plus jeune âge, légende familiale et mythe fondateur, avec un mélange d'orgueil sincère et d'affliction feinte.

On est dans les années 90, les aventures de *Petit Ours Brun* et les albums du Père Castor indiffèrent Ninon, seul ce genre de récits inouïs calme son excitation enfantine, retient son attention à l'heure du coucher, et elle ne tarde pas à réclamer chaque soir l'histoire de Marie Lacaze, cette ancêtre perdue au fond des âges, réduite à l'état de parchemin aux archives de Strasbourg, la cime de l'arbre généalogique, patient zéro et aïeule zéro. Marie Lacaze est l'élue et le monstre, le gène qui a muté, et en elle logent toujours cinq siècles plus tard la fierté et la désolation de la famille.

Après celle de Marie Lacaze, première de la lignée, il y a encore nombre d'histoires inédites à raconter à l'enfant impatiente et concentrée, regard écarquillé, le soir au fond du lit, tous les albums illustrés ayant été définitivement relégués à la cave – un rituel nocturne qui rythme l'enfance de Ninon, paradis peuplé de récits magiques, animé par la ferveur d'Esther qui n'aime rien tant que dérouler le ruban sans fin de la fable généalogique : il y a donc au fil des époques quelques cas de transe et de démence, d'hallucinations visuelles et auditives, de désordres de l'esprit et de fureurs utérines soignés par des trépanations et des saignées, de corps qui échappent, débordent, délirent, documentés par la littérature familiale comme autant d'épiphénomènes ou de répliques sismiques de la folie initiale de Marie, mais aussi des récits de bossue, d'épileptique, d'aphasique, de somnambule, de galeuse, de déformation soudaine des membres, une fille née avec une seule oreille, ou cette paysanne à l'odorat particulièrement développé qui se prend pour un chien, une autre encore née avec une fente palatine exorbitante qui lui donne une voix de crécelle, beaucoup de gènes délétères, des cheveux qui tombent intégralement en une nuit ou deviennent gris en une heure, un troisième sein qui pousse sur l'abdomen, des ongles et des dents qui s'effritent comme du sable et ne repoussent jamais, des yeux qui changent de couleur et une femme à barbe, de l'asthénie musculaire subite, des dévoiements digestifs aberrants, des bradycardies inouïes, de multiples excroissances et même de petites cornes qui poussent sur le crâne, transpercent le scalp, et qu'on doit régulièrement limer.

Esther rapporte toutes ces histoires avec une jubilation dramatique et un sens de la mise en scène tels que la petite Ninon, impressionnée, a très tôt conscience de porter en elle le mal comme une charge explosive. Dès les premiers récits de sa mère à la lueur apaisante de la lampe de chevet elle se met à guetter les signes de la malédiction héréditaire, dans son ventre surtout, attentive aux gargouillis, mais scrutant aussi sa tête, ses mains, ses pieds, puis, plus tard, s'inquiétant d'une urine trop pâle, d'une langue sèche et saburrale, d'un teint plombé – et ce léger vertige, cet eczéma, cette fièvre, ces picotements augurent-ils une maladie plus grave ? Sa mère ne semble pas s'angoisser outre mesure des effets néfastes que ces récits pourraient produire sur un jeune individu aussi friable, et a l'air de considérer comme acquis qu'aucune descendante de Marie Lacaze la Strasbourgeoise ne pourra se soustraire au mal, la seule question étant de savoir quelle sera sa nature, sa forme, et à quel moment il se manifestera.

Ce mal, transmis par la mère, par sa mère qui l'élève seule – Ninon a été conçue une nuit de nouvel an avec le concours d'un inconnu ivre et volatilisé peu après les douze coups de minuit –, apparaît à l'enfant comme un objet d'inquiétude autant que de désir, tout en étant parfaitement intégré au programme de son existence puisqu'il s'agit d'une tradition familiale, qu'elle est fille unique, donc fille aînée, cible privilégiée. On attend qu'il se révèle telle une grâce divine et, dans l'intervalle, l'enfant ne peut qu'échafauder des hypothèses, constatant que, pour le moment, l'intégrité de son corps comme celle de son esprit semblent indiscutables.

Bien sûr il arrive que des anomalies héréditaires restent latentes, ignorées à vie de leur porteur, comme des dispositions du corps non activées, mais cela n'a jamais été le cas dans cette famille, les dispositions se sont toutes déclarées, peut-être, chaque fois, à la faveur aléatoire d'un événement, d'une rencontre, d'un affrontement avec les difficultés de l'existence, mais qui peut le certifier ?

Au bout de cette chaîne héréditaire commencée en 1518, juste avant le dernier maillon connu – Ninon –, se tient Esther Moise, incarnant à son tour une merveilleuse occurrence du mal qui relie toutes les filles aînées de la famille à travers le temps. Esther hérite d'une forme de dégénérescence oculaire, l'achromatopsie, une absence de vision des couleurs provoquée par la disparition des pigments visuels de la rétine. Sa vision, partielle et entravée, se réduit à des nuances de gris au fil des années, et ses yeux sont de plus en plus sensibles à la lumière – à seize ans elle a définitivement perdu toutes les couleurs. Les médecins la diagnostiquent très tôt, avec la satisfaction trouble qu'on éprouve face à un cas rare mais néanmoins indubitable, un cas qui ne s'explique pas mais se constate.

Esther est donc une exception comme l'ont été la plupart de ses ancêtres, des échantillons à fixer sur une plaque de verre et à glisser sous le microscope, à réduire en poudre au fond d'une éprouvette, à isoler dans une atmosphère stérile, à faire encadrer par l'entomologiste, à disséquer sur la paillasse du laboratoire, à conserver dans un bocal de formol et à exposer derrière une vitrine au musée de la Médecine. À la grande loterie de l'hérédité Esther Moise a gagné la maladie des yeux éteints et aussitôt pensé que le sort aurait pu être bien plus cruel. Elle s'en accommode, grandit ainsi, pas si fâchée, dispensée de quelques exigences scolaires en raison de son handicap, ce qui la rend spéciale aux yeux de ses camarades, puis elle organise sa vie professionnelle en conséquence, devient projectionniste dans un cinéma d'art et d'essai de la rue des Écoles ne programmant que des vieux films en noir et blanc, après une licence de cinéma à la fac et un CAP d'opérateur projectionniste.

Esther reste insensible aux dessins animés Pixar et aux films de super-héros mais, outre ces deux exceptions, considère que le noir et blanc convient à toutes les œuvres, comme il convient à la vie qui n'a pas tant besoin de couleurs et de lumière que de mouvements et de sentiments. Ce travail nocturne s'accorde avec sa photophobie comme le cinéma s'accorde avec son goût immodéré pour les récits, et ses lunettes fumées, quittées seulement à la nuit tombée, lui donnent une allure d'actrice qui fait toujours son petit effet. C'est dans la pénombre qu'elle vit pleinement, animal nocturne fuyant les rayons du soleil, plissant les yeux derrière ses verres sombres pour accommoder sa vue à la lumière, se déplaçant avec plus d'aisance et de fluidité à mesure que l'obscurité grandit, renaissant au crépuscule, guidé par sa vision scotopique quand le commun des mortels tâtonne et se munit de lampes torches.

Le jour, quand sa fille est à l'école, Esther reste enfermée de longues heures, volets clos, à dormir, écouter la radio et fumer des cigarettes, la nuit, après la dernière séance, elle ne rentre pas directement, fait parfois garder son enfant jusqu'au petit matin, marche dans Paris, fait des rencontres aléatoires dans des bars pour insomniaques, achète des croissants chauds à l'ouverture de la boulangerie, et vient réveiller Ninon. Les hommes qui traversent ses nuits tombent amoureux à l'instant où elle enlève ses lunettes, ou les remet – sa manière de froncer les yeux, de baisser les paupières sur ses pupilles bleu marine, la rend irrésistible.

Aujourd'hui, alors que Ninon a grandi et malgré l'âge qui avance, c'est toujours à peu près la même existence, juste un peu ralentie – films, nuit, errances joyeuses.

Outre les croissants chauds, avoir une mère achromate présente au moins deux avantages pour un enfant : la liberté de choisir en toute impunité des vêtements aux couleurs criardes, mauves ou turquoise, et de les assortir en dépit du bon sens, et le bénéfice quotidien d'une voire de plusieurs histoires avant de dormir, à l'heure où les autres parents accusent la fatigue et aspirent à un peu de repos et de silence. Ninon a ainsi droit à différentes versions plus ou moins fantaisistes de l'achromatopsie de sa mère, dont une en particulier suscite son intérêt, la légende de l'atoll de Pingelap, présentée comme une origine possible de la pathologie d'Esther. La tradition rapporte qu'une grande partie des deux cent cinquante habitants de cette petite terre de l'archipel des îles Carolines est atteinte d'achromatopsie. La langue locale a nommé ce mal *maskun* et il menace toutes les familles de l'île depuis les années 1820. Selon la légende, une femme enceinte serait à l'origine de l'épidémie ; elle avait pris l'habitude de marcher chaque jour le long de la plage sans précautions et sous un soleil aveuglant, et les yeux de l'enfant qu'elle portait en auraient été brûlés. Cette blessure originelle, conjuguée à une forte consanguinité, fit par la suite des ravages.

Cette mère inconséquente, exposant son ventre aux rayons fatidiques, rejoint aussitôt les sorcières et les femmes possédées qui peuplent l'imaginaire infantile de Ninon.

Ninon Moise a trois ans, sept ans, onze ans, ne souffre d'aucun mal, aucune pathologie ne s'est déclarée, rien de suspect, une enfant plutôt gaie, bercée d'histoires maléfiques et comiques, une enfant un peu solitaire cependant, comme sa mère, solitude d'une cervelle de petite fille occupée par des récits aussi captivants qu'encombrants, solitude d'un cœur enfantin qui se serre parfois d'inquiétude : quand viendra le mal ? quel sera son nom ? même si elle l'attend aussi avec une certaine excitation.

Ninon n'est pas traumatisée par ces histoires cruelles, n'a pas grandi plus vite en les apprenant, ni moins vite, seulement un peu plus à l'affût que les autres enfants de son âge, elle attend toujours un signe, fait le guet de son propre corps, sentinelle intérieure. Bien sûr cette attention provoque parfois des accès d'hypocondrie, mais le plus souvent elle flotte insouciante dans une zone trouble où se mêlent les fictions racontées par sa mère et la vie vécue, en attente d'être vécue.

Ninon Moise a dix-sept ans, est lycéenne en terminale littéraire au lycée Jules-Ferry, place Clichy, passera bientôt son bac, vit avec sa mère dans un trois pièces haussmannien de la rue des Dames à Paris, a achevé sa puberté, se situe dans la moyenne, 1,65 mètre, 55 kilos, 90 B, peu d'acné, pilosité maîtrisée, cheveux châtains, des copines, des notes convenables, un peu de piscine, de cinéma, de centres commerciaux, de clopes, de vodka-orange, de fêtes et de baisers volés, pas plus. Moyenne, discrète, en apparence banale, à en désespérer parfois sa mère qui attend en secret son élection, une mère qu'on jugerait peu recommandable, inconsciente même, partagée entre le soulagement de savoir sa fille en bonne santé et l'impatience de la voir frappée à son tour, curieuse de découvrir ce que le sort et les ressources inépuisables du génome lui réservent. Si Esther Moise a toujours raconté à Ninon ses aventures généalogiques avec autant de ferveur, irriguant de légendes son jeune cerveau malléable et poreux, c'est aussi parce qu'elle-même ne fut jamais malheureuse ni accablée par la maladie qui la frappa, la conscience de sa spécificité rachetant largement la diminution de ses facultés – à tel point qu'on put la soupçonner d'avoir désiré la maladie, désiré être adoubée par elle. S'inscrire dans une lignée extraordinaire, s'extraire de la masse anonyme des humains, avoir un destin, autant de consolations dont Esther Moise s'est toujours enorgueillie.

Il est donc temps que sa fille se distingue, et c'est comme si cette distinction ne pouvait être révélée que par l'hérédité, comme si la singularité ne pouvait s'exprimer que dans une lignée de cellules, comme si l'intensité d'une existence se résorbait tout entière dans la transmission de caractéristiques génétiques qu'on espère rares et mystérieuses, comme si elle ne pouvait pas s'incarner, par exemple, dans un acte – que sa fille projette de faire l'ascension de l'Everest sans oxygène ne lui inspirerait sans doute ni étonnement, ni joie, ni même inquiétude.

On ne détectera aucun signe avant-coureur, aucune alerte, aucun dérèglement ou altération de l'état général pouvant annoncer le mal qui frappe enfin. Si ce mal s'avançait discrètement dans le silence et l'obscurité de ses organes elle ne l'a pas entendu. Aucun événement notable non plus, traumatisme ou accident susceptibles de déclencher la maladie. C'est comme ça, c'est aujourd'hui, il faut bien un début, une date, un âge, c'est un 19 janvier le matin au réveil. Ce ne sera pas progressif, ce ne sera pas sous-jacent puis exponentiel jusqu'à se déclarer tout à fait ; l'anomalie et la douleur sont absentes de son corps le 18 janvier, présentes le 19, révélées, et devant l'inquiétant et inhabituel symptôme Ninon comprend vite qu'il s'agit bien de cela, cela qu'elle ne sait plus nommer maintenant qu'elle en est la dépositaire, l'objet, elle sait bien que ce mal ne vient pas à l'improviste, qu'il n'a pas fondu sur elle de manière aléatoire, elle est un millefeuille d'histoires et de temps lentement constitué, un empilement de strates pathologiques – ce 19 janvier au réveil donc, l'existence disparaît soudainement sous sa forme connue, une vie souterraine prend le pouvoir, le poison héréditaire se diffuse dans tout son corps.

Habituellement c'est la sonnerie Rihanna de son portable – *Bitch better have my money* – qui la réveille à sept heures, mais ce matin-là elle a ouvert les yeux un peu plus tôt, l'écran bleuté indique 6 h 39 et c'est une sensation de gêne inhabituelle, d'irritation et bientôt de douleur qui la tire du sommeil, comme un mauvais rêve qui laisse la bouche âcre et les yeux collants, une posture inconfortable qui aurait ankylosé le corps pendant la nuit, une sorte de fièvre nerveuse, de celles que raniment les temps orageux. Il faut quelques secondes à Ninon pour s'extraire de cette désagréable torpeur, quelques secondes pour que le corps et l'esprit se reconnectent dans un grésillement, que se reconfigure l'espace de sa chambre – fenêtre orientée sud, moquette grise, bureau en pin clair Ikea –, et survient alors la sensation, pressante, imposante, du drap sur sa peau.

Couchée en chien de fusil, son corps recroquevillé sous la housse de couette, Ninon porte un bas de pyjama et un débardeur, et sur ses bras nus, à découvert, le contact des draps est phénoménal, elle ne sent plus que cela, ils pèsent lourd – du plomb –, brûlent – de l'acide –, écorchent – du papier de verre –, ses deux bras douloureux lui semblent énormes, une sensation brutale, folle, impossible, qui ne coïncide avec rien de connu.

Dans un assaut de panique, Ninon bondit hors de son lit comme s'il était en feu, roule sur la moquette qui brûle mêmement sa peau, s'immobilise sur le dos, tend ses bras au-dessus d'elle, s'apprête à les découvrir rougis, griffés, peut-être en sang, sa peau à vif, écorchée, mais rien, l'épiderme est lisse et blanc et la douleur a reflué aussi vite qu'elle était apparue, comme une hallucination dissipée sans laisser de traces.

Ninon effleure du bout des doigts l'intérieur de son bras gauche, puis l'extérieur, descend, tourne et remonte lentement entre l'épaule et la main, puis de même sur le bras droit avec mille précautions, à l'affût, mais ne sent qu'une pression délicate, une légère caresse, vraiment rien d'anormal, rien de violent. Elle n'a pourtant aucun doute sur ce qui vient de se produire, sur ce que son corps vient d'éprouver, Ninon sait qu'elle n'a pas rêvé ;

toujours couchée sur le dos, elle attrape vaillamment un t-shirt roulé en boule au pied du lit, l'approche avec appréhension et entreprend de frotter son avant-bras avec délicatesse : au premier contact du coton sur son corps elle pousse un cri de surprise et de souffrance, le feu à nouveau, une morsure, lâche le t-shirt puis toujours au sol empoigne tout ce qui se trouve à portée de main, chaussette en laine, besace en toile, licorne en peluche, feuille de papier froissée, trousse en cuir, chaque fois approche l'objet de sa peau, le pose doucement sur un bras ou l'autre, et c'est toujours la même décharge, le même venin, qui s'évapore aussitôt que le contact cesse. Ses bras demeurent intacts à l'œil nu, la peau rosit à peine, la douleur s'évanouit sans laisser d'aura.

Devant l'étrangeté et la démesure de ce qui advient, Ninon n'hésite pas, c'est sans appel : le mal héréditaire et sans retour vient de s'abattre comme la foudre.

Ninon se redresse, maintenant assise en tailleur dans l'obscurité, le réveil sonnera bientôt, dans sa bouche un goût de terre et d'angoisse.

Elle se lève, va réveiller sa mère qui la voyant en noir et blanc et en larmes, le visage ravagé par l'angoisse, secouée de spasmes, les yeux immenses, comprend aussitôt, calée sur la même certitude que sa fille, la violence irréversible du moment, le sort qui frappe, et se sait incapable de rassurer ou de consoler Ninon.

Quelle est cette conviction malheureuse qui fait que ni Esther ni sa fille n'envisageront un instant qu'il s'agisse d'un désordre passager, d'une affection momentanée, ni même d'une fatalité hasardeuse, n'envisageront la chose autrement que comme le signe de la main du diable ? Si préparées, si conditionnées, si possédées en vérité qu'aucun doute n'est permis.

Maman, touche mon bras, pose ta main là sur ma peau, doucement surtout, juste avec un doigt, ici, n'aie pas peur vas-y, et Esther, redressée dans son lit quand sa fille se tient devant elle avec cette voix blanche et précipitée, tombée dans des notes basses, tombée dans un gouffre, approche sa main avec lenteur, vient toucher l'épiderme à la saignée du coude, une pression de l'index. Ninon grimace de douleur, étouffe un petit cri, oiseau qu'on étrangle, Ninon est hors d'elle, l'enfant qui aimait tant les histoires de ses ancêtres se désagrège d'un coup – petit tas de sable aux pieds de sa mère – sous l'effet d'une décharge de haine, une volée de plombs dans le cœur, une colère contre Esther jugée instantanément coupable, colère qui enfle, occupe tout l'espace, celui de la pièce et celui de son ventre, un liquide de refroidissement qui fige ses artères. Ninon sort en trombe de la chambre de sa mère, va s'enfermer dans la salle de bains, se déshabille en quelques gestes devant le miroir en pied, entreprend d'évaluer chaque parcelle de sa peau, d'évaluer l'ampleur des dégâts, s'attend à tomber en lambeaux, à s'effriter comme de la terre sèche ; elle attrape une serviette, effleure, tamponne puis frotte pieds, mollets, cuisses, ventre, dos, nuque, poitrine, fesses, elle ne sent rien, pas la moindre flammèche, ses mains aussi sont indemnes. Elle en éprouve un soulagement fugace – il ne s'agit donc que des bras, très exactement l'espace que délimitent les épaules et les poignets, faces interne et externe, le gauche et le droit à égale intensité, la débâcle est circonscrite c'est déjà ça.

Mais la panique ne tarde pas à l'étreindre de nouveau, les pensées roulent à toute vitesse, en désordre, Ninon est submergée, incapable de raisonner sa peur, de ralentir son cœur, tout se brouille et s'emballe, elle pense au vent et au soleil, y aura-t-il encore la douceur du vent et du soleil sur mes bras ? puis elle pense aux garçons, qu'elle est encore vierge, à Tom qui lui plaît, avec qui elle imaginait que ça pourrait arriver, elle pense qu'une opération est peut-être envisageable, on prélèverait des morceaux de peau sur son ventre ou son dos par exemple, pour lui greffer sur les deux bras, pour la réparer, comme on greffe les grands brûlés, on cultiverait des cellules souches de son épiderme pour lui confectionner de fines et étroites manches de peau qui viendraient se coller à l'autre peau, malade, dégénérée, et tout rentrerait dans l'ordre.

Ninon tâche de calmer les palpitations de son cœur, passe sa peau sous l'eau du robinet, espérant que le liquide l'apaise, mais c'est la même morsure, la peur repart de plus belle, elle regarde le filet d'eau dégouliner le long de son bras comme un sillon de métal en fusion.

Puis la peau sèche, la douleur se tait, elle renifle ses bras comme une bête inquiète, qui cherche, s'attend à une odeur de pourriture, une odeur de mort, mais sa peau reste désespérément neutre, surface homogène, indifférente, jusqu'à ce que Ninon y dépose un coin de la serviette, appuie avec douceur, et c'est alors d'une profondeur inimaginable que jaillit la douleur, comme si la chair des bras voulait crever la fine pellicule du corps, comme si elle se creusait jusqu'à l'os, une salve de feu, les nerfs à l'intérieur comme des fils électriques dénudés, un court-circuit et une intermittence de la conscience.

Esther est installée à la table de la cuisine, le petit déjeuner est prêt, Ninon la rejoint, elles sont maintenant assises en silence, abasourdies, évitent de se regarder, touillent exagérément leur café au lait, contemplent les miettes de madeleine qui flottent à la surface du liquide gras ; Ninon, dont la haine a reflué, finit par lâcher d'une voix à peine audible que ce n'est peut-être pas si grave après tout, que ça doit se soigner, sa mère relève la tête, n'a plus l'air si fière de sa monstrueuse famille, je suis désolée ce n'est pas ce que j'imaginais.

La fille pense que la mère est folle, pas nette, peut-être même dangereuse.

Ninon se demande à présent, le nez dans son bol, si cette excessive sensibilité de la peau – il semblerait qu'on puisse désigner ainsi le symptôme –, ce qu'elle nomme à cet instant ce truc, ce truc que j'ai aux bras, a une définition médicale ; et se le demandant elle retrouve un peu de courage, veut consulter un médecin le plus vite possible, espère déjà guérir avant d'avoir officiellement été déclarée malade. Ninon sait que la médecine s'est souvent montrée impuissante face aux pathologies suspectes de sa famille, une médecine expectante qui laisse surtout faire la nature, mais bientôt, passé la violence du choc, elle sera déterminée à changer l'ordre des choses.

Il est neuf heures, Esther demande en urgence un rendez-vous chez le médecin du quartier, le docteur Fillet, un homme dans la cinquantaine au teint cireux et aux ongles impeccables ; Ninon exige de s'y rendre seule, enfile par-dessus son bas de pyjama et son débardeur un long manteau qui écorche sa peau.

Elle patiente vingt minutes dans la salle d'attente – murs atones, posters de paysages, fauteuils râpés – avant d'être reçue par ce médecin affable et désabusé en chemise vichy qui n'a pas le temps de lui demander ce qui ne va pas, ce qui l'amène, car Ninon éclate en sanglots avant d'avoir pu dire un mot, le médecin désemparé tend la boîte de mouchoirs, attend que ça passe en regardant ailleurs, suit des yeux une fissure sur un mur, tandis que Ninon tâche de se calmer, s'excuse, renifle, articule des morceaux de phrases, je viens pour un problème de peau, je ne supporte plus rien sur la peau, plus aucun contact sur la peau des bras, ça me brûle, même l'eau me brûle, on ne peut plus me toucher, je ne peux plus porter de vêtements, ça me fait atrocement mal, qu'est-ce que c'est ?

Le médecin marque une pause, fronce les sourcils, faisant apparaître une ride du lion entre les yeux, demande d'un ton faussement détaché quand c'est arrivé, si d'autres symptômes se sont déclarés, si un événement inhabituel s'est produit récemment, si Ninon a subi un choc, si elle a de la fièvre, vomi, la migraine, s'il y a des antécédents dans sa famille, des allergies, des cancers, si elle est déprimée, ce qu'elle a mangé hier, si elle a bu de l'alcool, pris des drogues, si elle est tombée, si elle a fait une séance d'UV prolongée, a mis une quelconque crème sur ses bras, prend la pilule ou un autre médicament : à toutes les questions la réponse est négative et Ninon secoue la tête d'un air désolé.

Mais le plus surprenant est qu'elle n'évoque pas l'histoire pathologique familiale dont elle serait le nouveau chapitre, passe sous silence cet élément qui paraît maintenant anodin – pressent-elle que pour briser la chaîne maudite il faut se taire, isoler son cas et le confier à la médecine, ne pas interpréter la douleur, se contenter de la traiter ?

Le médecin n'a pas besoin de savoir, cette information ne lui sera d'aucune utilité, elle peut même se révéler néfaste, l'entraîner sur une mauvaise piste, brouiller son raisonnement. Et bien que la famille de Ninon le soit un peu plus que les autres, il est entendu que toute famille est pathogène alors à quoi bon le préciser.

Le docteur Fillet invite Ninon à s'allonger sur la table d'examen, se frotte les mains au gel hydroalcoolique, remonte les manches de sa chemise, exerce de légères pressions en plusieurs points des bras, provoquant chaque fois un rictus de douleur, oui ça me lance, là, et là aussi, partout, il relâche et la douleur s'évanouit aussitôt ; il n'insiste pas, palpe le ventre, vérifie les oreilles, la langue, le fond de la gorge, les réflexes, la tension, un peu basse, et termine l'examen en écoutant le cœur – il aime ce moment particulier de l'auscultation, capter les bruits délicats du muscle cardiaque et du déploiement alvéolaire, sifflements et murmures internes, mouvements minuscules, toute cette acoustique du corps qu'il reçoit tendu, concentré. Mais l'écoute attentive du cœur de Ninon ne le renseigne pas davantage sur ce drôle de cas qui le laisse impuissant, sans hypothèse clinique, sans remèdes à proposer.

Le docteur Fillet ne doute pas de Ninon Moise, ne juge pas sa douleur imaginaire, mais ça n'est pas dans ses cordes, il le lui dit, ajoute que cela relève des compétences d'un spécialiste, qu'il faut faire des examens, chercher, approfondir, pour pouvoir se prononcer ; Ninon, dont les émotions se sont déréglées depuis deux heures, en est désespérée, vous ne pouvez pas me laisser dans cet état, les larmes reviennent border les paupières, le médecin propose une piqûre d'anxiolytique, c'est tout ce qui est en mon pouvoir pour l'instant, cela apaisera votre inquiétude et sans doute un peu la douleur, du moins ça vous aidera à la supporter, je vais également vous prescrire des antalgiques et du Lexomyl, vous prenez un quart le matin un quart le soir, je vais vous signer un arrêt d'une semaine et on va demander les examens en urgence – il griffonne son ordonnance, surtout ne vous inquiétez pas mademoiselle, tête baissée et penaude sur la feuille de soins, on va trouver ce que vous avez.

La journée du docteur Fillet est gâchée, plombée par le cas de Ninon – même plus envie d'écouter le babil cardiaque de ses patients au stéthoscope.

Ninon est ressortie du cabinet bras nus, épuisée, elle grelotte, se sent sale, se demande quand elle pourra dormir, se laver, s'habiller sans que cela soit une torture. Elle n'imagine pas un instant que la douleur puisse passer toute seule ou même s'atténuer, sur le chemin du retour, divagante et apeurée, elle pense au devoir d'histoire qu'elle n'a pas terminé, au sweat que sa mère a promis de lui acheter, puis à l'alcool comme à une solution provisoire, un espoir possible en attendant mieux, accélère le pas pour se réchauffer et rentrer plus vite, bredouille à sa mère que le médecin lui a prescrit des examens, fonce vers la cuisine, attrape la bouteille de vodka Smirnoff dans le congélateur, boit une gorgée puis deux au goulot, le liquide glacé et brûlant coule dans son œsophage, détend ses muscles, fouette ses tempes, elle pose avec précaution la bouteille couverte de givre sur son avant-bras, pour voir, pour essayer on ne sait jamais, la douleur est saisissante, une entaille dans la chair.

Ninon ne tient plus debout, les effets conjugués de l'émotion, de l'injection et de l'alcool ont enfin raison d'elle, de la douleur et de sa résistance, elle s'allonge sur son lit sans même ôter ses baskets, bras dressés au-dessus d'elle, et sombre dans un sommeil minéral, un trou noir, ses bras retombent lourdement le long du corps mais Ninon dort, du plomb, enfin étanche à l'insupportable irritation de sa peau – elle se réveille en sursaut une heure plus tard, une fois encore sous l'impulsion de la douleur, le contact brûlant du drap.

Il est inenvisageable d'aller au lycée, de se doucher, de s'habiller ; Ninon enfile un bas de survêtement, reste en débardeur, qui dégage ses bras, monte le chauffage de sa chambre et s'enferme avec une bouteille d'eau et des paquets de biscuits. Elle allume l'ordinateur, commence par le plus simple, le plus évident, commence par le début, tape « peau » dans Google – a hésité un instant à taper « bras » puis a jugé que le problème était avant tout dermique – et le premier résultat la dirige sur la page Wikipédia, une litanie de chiffres, une coupe arithmétique de l'enveloppe corporelle humaine, une accumulation de données qui n'est pas sans poésie :

La peau est l'organe le plus lourd et le plus étendu du corps humain – 4 kg et 2 m^2 –, son épaisseur est de 2 mm en moyenne mais de 1 mm seulement sur les paupières et de 4 mm sur les paumes et les plantes des pieds. Dans 1 cm^2 de peau on dénombre 3 vaisseaux sanguins, 10 poils, 12 nerfs, 15 glandes sébacées, 100 sudoripares et 3 millions de cellules. La peau de la tête représente 9 % de la surface corporelle, chaque bras 9 %, chaque jambe 18 %, le dos et l'avant du torse 18 % chacun, et le sexe et la paume des mains 1 %.

Apprendre tout cela – qu'elle ne retiendra pas – divertit un temps Ninon de son malheur, mais apprendre que la peau est constituée de trois tissus superposés ne permettra pas la compréhension de ce qui lui arrive, alors elle cherche encore, en quête d'une page utile, d'un forum sur lequel trouver quelques informations, des pistes. Ninon voudrait connaître plus précisément les fonctions de ces couches empilées pour évaluer par exemple à quelle profondeur se loge le mal, comme si le sachant elle pouvait l'extirper – peut-être niche-t-il seulement dans l'épiderme, un simple dérèglement des cellules nerveuses du toucher, ces récepteurs qui enregistrent les moindres vibrations pour les transmettre au cerveau, mais peut-être est-il plus profond, et Ninon en effet a l'intuition que les décharges électriques qui vrillent sa peau irradient aussi vers l'intérieur, en direction de la chair, des muscles, du squelette.

Tâchant de se remémorer la douleur Ninon constate qu'elle l'a déjà oubliée, pique son bras avec la pointe d'un stylo pour la retrouver, ça fait mal, un mal qui traverse bien la deuxième couche de la peau, elle le sent qui plonge vers le derme, tissu conjonctif, épais et fibreux, puis plus profond encore vers l'hypoderme, la douleur investit maintenant cette couche de graisse isolante, se propage dans le tissu adipeux, affole la multitude de nerfs et de glandes, s'insinue dans les plis, les rides, les pores, Ninon perçoit son mouvement, presse encore avec le stylo, fascinée par l'acuité de la sensation, un mal qui s'enfonce puis revient à la surface, hérisse l'invisible duvet de ses bras, et c'est comme si, le temps d'un flash de douleur, elle avait distinctement ressenti chaque strate de sa peau, couche cornée, corps muqueux, zone papillaire, zone réticulaire, comme si chacune se détachait, flottait en apesanteur, et comme si la conscience de Ninon se faufilait dans les interstices formés entre ces couches pour apprécier chaque variation de la douleur, pour la décomposer aussi finement que des ailes de mouche.

Elle enfonce plus fort la mine du stylo, mâchoire serrée, pouls qui tambourine, et la souffrance est telle qu'il lui semble que la peau, cette fine enveloppe, surface légère, est devenue sa chair même, à vif, une peau en dedans, sanguinolente, une peau retournée comme un gant – puis elle relâche et tout reflue.

Ninon cherche encore, ne sait pas très bien quoi au juste mais l'écran de son ordinateur est une bouée pour ne pas sombrer, inscrit à nouveau le mot « peau » et les pages d'informations défilent à s'en faire bourdonner les yeux, elle enquête depuis trois heures maintenant, Internet est une forêt de savoirs et la peau ouvre sur une forêt clinique. Elle apprend qu'on recense plus d'un millier de maladies cutanées, quand nos organes internes ne sont affectés que par cinq ou six pathologies importantes, et ces maladies aux appellations poétiques – lupus tuberculeux, épithéliome, sarcomatose, dermatite bulleuse, l'ichtyose qui forme comme une épaisse croûte de terre sèche ou de cendre craquelée – la font divaguer vers des rêveries salutaires, elle se perd de page en page, de maladie en maladie, un vertige plus grand à chaque nouvelle donnée, et découvre l'histoire de l'activiste viennois Rudolf Schwarzkogler qui s'amputa de sa propre peau morceau par morceau jusqu'à en mourir.

Au bout de quatre heures de recherche Ninon n'a pas identifié le mal dont elle souffre, l'a même plusieurs fois perdu de vue, oubliant l'objet de sa quête, s'est bien arrêtée un instant sur l'épidermolyse bulleuse provoquée par un décollement de l'épiderme du derme, sur la dermatite d'irritation ou allergique, mais en vain, rien ne la convainc, rien ne l'éclaire, cette spéléologie numérique l'a épuisée, elle clique encore machinalement sur quelques liens, les pages lumineuses se troublent, son regard faseye, une dernière phrase en haut de page, sur un site qu'elle identifie mal, attire son attention : « La femme est en moelle de roseau », elle ne voit pas le rapport, éteint enfin son ordinateur, voudrait s'allonger mais appréhende de retrouver la morsure des draps, ôte son débardeur, et torse nu s'endort assise à son bureau, bras croisés, se réveille frissonnante et courbaturée une demi-heure plus tard, le jour est tombé, sa mère partie travailler, elle ne voit pas bien comment dormir, vraiment pas comment procéder, une nuit blanche est la solution, alors elle sort marcher dans Paris bras nus ; le thermomètre fiché dans la jardinière indique cinq degrés, elle grelotte, fait plusieurs fois le tour du quartier à petites foulées, aimerait être une grosse bête à poil, à cuir ou à écailles, se réchauffe un peu, tourne ainsi jusqu'au lever du jour, lutte contre les assauts de la fatigue, il faut tenir, il faut se soigner, la catastrophe est là, elle scande à voix basse la catastrophe, la catastrophe.

La peau, écorce, pellicule de couenne traversée de nerfs, sensitifs, vaso-moteurs, peuplée de glandes qui sécrètent en continu odeurs, sueur, sébum, membrane qui respire, élimine, transpire, produit poils et ongles, émet des phéromones, maintient le corps autour du squelette et des muscles, assure sa verticalité.

La peau qui protège contre les agressions extérieures, filtre les échanges, les influences, capte et transmet les excitations venues d'ailleurs, les aléas du monde physique et les informations utiles.

La peau à la sensibilité complexe, tactile, thermique, algique, la peau organe vital, jonction entre soi et les autres, la peau qui parle pour nous, mince et vulnérable, souple et robuste, la peau qui est tout cela, que Ninon arpente à nouveau, dématérialisée, le lendemain sur Internet, et qu'elle s'arracherait bien pour la jeter à la mer ou aux chiens.

Le mal s'installe, se confirme, après de nouvelles recherches stériles, après deux jours et deux nuits d'insomnie à souffrir, après plusieurs repas silencieux avec sa mère – leurs relations se sont brutalement dégradées, quasi éteintes, la mère voudrait parler avec la fille de ce qui a fait irruption dans leur vie, envisager la suite, faire front ensemble, la fille pour le moment s'y refuse, bien plus têtue qu'hostile –, après une toilette au gant sur le visage, le bas du corps, le ventre, après avoir enfilé un débardeur propre, il est temps de rejoindre l'hôpital à pied pour faire les examens prescrits, une demi-heure de marche dans le froid cinglant mais prendre le métro est trop risqué, c'est l'heure de pointe, le monde extérieur est désormais une menace, le moindre contact la fait sursauter.

À l'accueil de l'hôpital Bichat Ninon tend la lettre du médecin, déjà pleine d'espoir, on lui désigne la rangée de fauteuils scellés au sol, elle attend un quart d'heure avant d'être prise en charge par une infirmière rassurante aux cheveux courts aubergine et aux gestes souples qui la conduit dans un box fermé par un rideau – on va commencer par la prise de sang puis vous serez conduite en radiologie. Le contact de l'accoudoir, le garrot et le coton réveillent la douleur, Ninon se contient, l'intrusion de l'aiguille ne provoque par miracle qu'un léger picotement et l'infirmière ne se rend compte de rien – Ninon en tire une certaine fierté, se découvre vulnérable, perdue, mais aussi vaillante et résolue. Bientôt le sang prélevé livrera les secrets codés de son organisme, Ninon le regarde passer de sa veine au tube à essai, vision réconfortante, elle espère que de ce liquide tiède et d'un rouge presque fluo on tirera toutes les informations utiles, la vérité sur ce qui arrive à son corps – le sang va parler c'est certain.

Quelques minutes plus tard c'est un brancardier qui la guide jusqu'à une autre aile de cet immense hôpital, une multitude de bâtiments reliés par des allées le long desquelles déambulent les malades, clope collé aux lèvres asséchées par les traitements ou agrippés à la potence de leur goutte-à-goutte, en tenue de ville, en jogging ou en pyjama, plus ou moins voûtés, le pas plus ou moins traînant, le teint plus ou moins plâtreux, cherchant le soleil ou le fuyant ; Ninon arrive au pavillon de l'imagerie médicale, couloir lino, portes battantes, néons laiteux, effluves d'éther qui lui serrent le cœur.

Elle est invitée à se déshabiller dans une cabine, à enfiler la blouse d'examen dont les larges manches la brûlent à chaque frôlement, d'abord pour une radio des poumons dont elle ne comprend pas l'utilité, mais le jeune manipulateur en radiologie esquive ses questions et renvoie au médecin seul habilité à lui répondre, puis pour une IRM cérébrale qui lui apparaît tout aussi incongrue. Une infirmière lui injecte le produit de contraste, elle sent le liquide détaler dans ses veines, diffuser une chaleur désagréable et sourde dans tout son corps, puis Ninon glisse dans la machine, un bruit assourdissant se déclenche, mélange de beats techno et de pierres dans le tambour d'une machine, un bombardement magnétique qui finit par la bercer, divertit sa douleur et elle ne demande que ça, penser à autre chose, être requise ailleurs, loin très loin de son corps.

Le jeune interne qui la reçoit dans un box à l'issue des examens a la mèche blonde et tombante, la poignée de mains virile et une assurance qui déplaît à Ninon. Mademoiselle, vous n'avez strictement rien lui assène-t-il avec le sourire, je vous montre les clichés ? Sans attendre la réponse il dispose les images sur un tableau lumineux et la vision de ces méandres gris, de ces masses inquiétantes et sombres, de ces tissus spongieux, la vision des profondeurs de son corps n'inspire à Ninon qu'un haut-le-cœur, c'est comme si elle se voyait morte, disséquée en négatif, elle détourne le regard. Les images sont tout à fait normales, on ne voit rien d'inquiétant je vous assure, et les analyses de sang sont rassurantes.

La déception est grande, Ninon se sent trahie, furieuse que les appareils contredisent sa version des faits ; elle ne s'attendait pas à ça, à l'air dubitatif et désinvolte du médecin, à un diagnostic en forme de rien, la sentence qui tombe, un camouflet, ce rien qui sonne violemment, qui loin de la rassurer attise son angoisse.

C'est un jeune interne qui tient la découverte des rayons X pour la plus belle invention de la médecine moderne et se sent dépositaire de ce prodige, projeter au-dehors ce qui se cache au-dedans, l'extériorisation miraculeuse des corps, découvrir le mal qui s'y tapit sans les ouvrir, traverser la peau sans effraction, plonger dans l'obscurité organique. C'est un jeune interne qui n'aurait pas aimé exercer dans les temps reculés de la médecine, quand on se contentait de fantasmer ce qui se passait à l'intérieur du malade, quand on imaginait que la fièvre formait de la fumée dans la tête, quand pour avoir une vision un peu objective de la maladie on n'avait pas d'autre choix que d'inciser le corps au risque de tuer son patient ; c'est un jeune interne passionné et enclin aux abstractions – s'il s'écoutait il ferait à Ninon le récit de la formidable aventure de la radiologie –, un jeune interne malhabile qui ne sait pas quoi faire du bloc buté qu'est à cet instant Ninon devant lui ; elle n'a pas bougé de son siège et le regarde fixement, pleine de colère.

Vous me dites que je n'ai rien mais alors pourquoi j'ai mal ? J'ai peut-être quelque chose qui ne se voit pas à l'image. Vous pouvez tout voir avec vos machines ?

Ninon est à cran, l'esprit aussi inflammable que ses bras, exagérément susceptible depuis quelques jours, depuis qu'est apparue cette foutue douleur incompréhensible sur sa peau, se sent soupçonnée, accusée d'affabulation ; elle tâche de soutenir son regard mais l'interne a remis le nez dans les feuilles d'examens et les radios plutôt que sur le visage contrarié de Ninon.

Ce que je veux dire c'est qu'il n'y a sans doute rien de grave, rien qui engage votre pronostic vital, disons, pour aller vite, que dans la grande majorité des cas ce qui est grave se voit avec les machines, mais bien sûr il faut déterminer ce dont vous souffrez.

Et vous ne pouvez pas me donner un médicament pour la douleur en attendant ? Ninon, persuadée d'être victime de la catastrophe familiale mais résolue à se débarrasser de cette saloperie, espérait un diagnostic clair et un traitement adapté, être répertoriée dans la grande encyclopédie des maladies, que son cas soit nommé, qu'il ait un nom scientifique auquel corresponde un remède, remède qui lui aussi aurait un nom car le remède est toujours la reconnaissance du mal, son incarnation, car être malade c'est recevoir un traitement – un mal sans nom n'est pas une maladie, n'est qu'une souffrance informe.

Ninon ne quittera donc pas cet hôpital sans qu'un mot lui ait été offert, un beau mot médical, rare, qui serait le début d'un soulagement, un mot à jeter au visage de sa mère, ou à déposer à ses pieds, cela dépendra de son humeur, un mot à chantonner ou à psalmodier dans la rue sur le chemin du retour, un mot c'est la moindre des choses quand on a mal comme ça.

C'est un jeune interne qui sait – on le lui a enseigné dès les premières années – que si les médicaments soignent ils sont aussi des fétiches pour les patients, des rituels, il sait que le médicament est le sacrement de la foi en la médecine, que les patients sont des croyants, et surtout que la seule façon de se débarrasser de cette jeune patiente décidée et coléreuse, si volontaire pour ses dix-sept ans, impressionnante pour tout dire, est de lui donner ce sacrement ; alors il cède, rédige une ordonnance pour un antalgique auquel il ne croit pas lui-même, il cède pour endiguer un peu le désespoir de Ninon, pour lui offrir au moins ce mot qu'elle réclame, celui d'un médicament en attendant mieux, en attendant la suite des investigations : Compralgyl.

Ninon, un peu rassérénée, passe immédiatement à la pharmacie, avale un cachet, va s'asseoir dans un square sous un rayon de soleil, compte les pigeons puis les enfants, puis les enfants blonds, puis les petites filles, reprend un cachet quarante-cinq minutes plus tard, guette une amélioration en exerçant des pressions régulières sur ses bras avec un caillou, mais la douleur ne décélère pas, la magie du mot – Compralgyl – aura été de courte durée, Ninon a froid, quitte le square, envisage l'avenir avec noirceur, il va falloir s'habiller, se laver, retourner au lycée, maintenir un lien avec le reste du monde, maîtriser la douleur, s'en accommoder, et voir un autre médecin.

Rentrée chez elle, Ninon prend un quart d'anxiolytique, répond aux sms inquiets de ses copines – jé la grippe –, puis coupe son portable, enfile un t-shirt à manches courtes, la douleur est vive sur le haut des bras mais elle l'encaisse, s'installe dans le canapé décidée à s'abrutir devant la télé, à se tapisser le crâne d'images et de sons, à zapper flottante et indécise – reportage à la BAC de Marseille, télé-réalité domestique, chaîne d'info en continu, est-ce qu'il reste de la vodka dans le congélo ? –, le temps d'une scène d'arrestation musclée dans une cité des quartiers Nord, Ninon en oublie un instant la douleur, l'efface.

Un peu plus tard elle enfile une ample chemise à manches longues – la brûlure toujours –, retourne devant la télé pour une heure de programmes supplémentaire, temps qu'elle estime nécessaire au dressage de la douleur, à l'évaluation des effets bénéfiques du divertissement sur la souffrance qui, en effet, d'aiguë devient plus sourde, pulsative, légèrement diluée, et la déchirure se métamorphose en bourdonnement ; mais Ninon est épuisée, peut-on vivre toute une vie comme ça sans se foutre par la fenêtre ?

Esther rentre, vient s'asseoir avec précaution à côté de sa fille, remarque les manches longues mais ne relève pas, craint Ninon désormais, ses réactions, n'ose plus la toucher, comment ça va ? les examens alors ? Ça n'a rien donné, ils n'ont rien vu d'anormal.

Tant mieux, à quoi répond un silence de Ninon, qui se lève et se dirige vers sa chambre. La culpabilité a cessé d'épargner Esther Moise, mêlée de tant d'autres émotions, un marasme de sentiments inextricables qui s'amoindrissent et se renforcent – colère contre Ninon qui refuse de partager sa douleur et inquiétude de la voir s'éloigner, fascination pour ce mal d'un genre nouveau et angoisse qu'il ne soit jamais identifié, satisfaction trouble de reconnaître la marque familiale et honte de l'infliger à sa fille, terreur et confiance dans l'avenir –, un flipper affectif qui finira par l'isoler elle aussi – bientôt deux solitudes parfaitement étanches sous un même toit.

Ninon s'est enfermée dans sa chambre, ne veut rien entendre. Le symptôme s'est déclaré depuis quelques jours seulement et déjà l'enfant qui aimait tant les épopées familiales s'est brutalement dissous dans l'amertume et la souffrance : alors qu'elle a immédiatement identifié ce qui lui arrivait comme un désastre, la marque du drame généalogique annoncé – l'hypothèse d'une banale et passagère inflammation n'est pas envisagée, cela ne peut être que grave, tragique –, Ninon a donc décidé d'ignorer l'histoire familiale, de la taire, avec l'intuition que de cette ignorance viendra le salut, que seules la volonté et la discipline sauront briser la malédiction, que cela se décide ; et Ninon n'y voit là aucun paradoxe, estime seulement que de l'origine du mal ne peut venir la guérison, que de l'endémique on ne peut espérer aucun renouveau.

Ce pourquoi Ninon entend se tenir à distance d'Esther, et la douleur l'y aidera, la douleur l'y emmène, dans cette poche mutique, dans cet isolement, là où il faudra lutter pour ne pas s'enliser dans son propre corps, pour échapper à l'obsession douloureuse qui menace désormais de l'accaparer, d'exclure le reste du monde, absolument tout ce qui n'est pas elle – et en effet Ninon ne veut plus se préoccuper d'autre chose que de sa peau de lapin écorché.

Le jour de ses huit ans Ninon souffla une bougie en forme de princesse, mangea deux parts de fraisier et ouvrit son cadeau, un coffret de magicien, puis ce fut l'heure du coucher, du rituel, de l'histoire ; pour l'occasion Esther Moise raconta un épisode fameux du roman familial, un des cas les plus spectaculaires, selon sa propre hiérarchie qui privilégie toujours les états nerveux limites : Céleste Quigne, née dans les années 20, victime de crises de rire inexpliquées.

Les crises commencèrent alors qu'elle avait huit ans, l'âge de Ninon, et ne finirent qu'avec la fin de la puberté. On ne sait pas ce qui déclencha la première, une blague peut-être, un échange de regards qui dégénère. Un jour comme un autre, sans prévenir, comme ça, l'enfant éclata de rire, une exclamation soudaine et inextinguible, mêlée de larmes. Cela dura plusieurs minutes puis cessa brusquement. On demanda à Céleste ce qui l'avait fait rire, elle ne savait pas, elle ne se sentait pas particulièrement joyeuse, cela lui avait échappé, et maintenant elle se sentait épuisée ; ses yeux étaient cernés d'auréoles violacées, ses mains tremblaient, son cœur cognait, sa bouche était plâtreuse, sa gorge en feu, tout son corps vibrait encore.

Cette crise n'était que la première d'une longue série : pendant dix ans, toutes les semaines, Céleste Quigne subit une ou deux attaques dont la durée variait de quelques minutes à quelques heures. Ces accès s'accompagnaient de larmes, de fièvre, parfois de gestes désordonnés et violents lors des tentatives de contention de son père, qui craignait que les nerfs de Céleste ne finissent par lâcher – il les imaginait tendus, étirés au maximum comme des élastiques prêts à céder et à vous revenir en pleine figure.

Les rares moments de répit plongeaient la petite fille dans l'angoisse et la prostration – guettant la prochaine secousse – et, comme souvent, la science n'apporta que peu de réconfort, aucune explication fiable. Les prises de sang, analyses de la salive et ponctions lombaires, particulièrement douloureuses à une époque où les techniques d'anesthésie locale restaient approximatives, ne donnèrent rien, on ne sut pas isoler de cause infectieuse ni psychologique, il fallut attendre le nombre des années pour que cela cesse, peut-être sous l'effet d'une poussée hormonale décisive.

Adulte, Céleste Quigne n'était plus sujette à aucune crise inexpliquée – elle retrouva la faculté commune et parcimonieuse de rire, le sens de la drôlerie et du burlesque, allant du sourire esquissé au gloussement sonore –, elle mena une vie apaisée, ne conserva aucune séquelle, aucun traumatisme durable, et ne revint jamais sur cet épisode effrayant, puis mourut dans son lit à quatre-vingt-six ans après avoir accouché sans péridurale de quatre garçons et une fille.

Ninon demanda à sa mère ce qu'était une péridurale, comprit mal la réponse, s'endormit aussitôt en serrant une tortue en peluche contre son ventre.

Ninon a rendez-vous chez une dermatologue recommandée par le jeune interne en radiologie, une femme sans âge, à la peau aussi blanche que de la poudre de riz, à l'air un peu agité mais avenant. L'imposant Vidal rouge trône sur un bureau encombré de paperasses et de boîtes de médicaments, le regard est métallique, deux fentes à la place des yeux. Ninon explique son cas d'une voix maîtrisée désormais, tend les résultats des analyses.

Je ne comprends même pas qu'on vous ait envoyée faire ces examens, à part pour s'assurer que vous n'avez pas de sclérose en plaques, la dermatologue hausse les épaules, regarde Ninon avec bienveillance, il aurait peut-être fallu examiner votre peau avant de scruter le fond de votre crâne, car sur la peau tout se voit, tout s'affiche – elle a levé un index vers le ciel et Ninon reprend espoir –, allez mademoiselle je vais vous ausculter.

Tout comme le radiologue tenait sa spécialité pour la plus belle et la plus noble, la dermatologue considère qu'il n'est pas de pratique plus admirable que la sienne – pâleurs, rougeurs, plaques, eczéma, rosacées, érythèmes, pustules, la peau est la page imprimée de l'organisme, sur la peau affleurent les profondeurs, nombre de maladies ont une expression cutanée et c'est cela qui est passionnant, cette alliance indéfectible du viscéral et de l'épidermique.

Ninon se déshabille, s'allonge sur la banquette dont le skaï irrite l'arrière de ses bras, le médecin exerce des pressions plus ou moins fortes, tente de circonscrire la zone atteinte, là c'est douloureux ? et là ? là aussi ? plus ou moins ? jusqu'où ? Elle examine l'épiderme à l'aide d'une grosse loupe éclairante et demande à Ninon de caractériser plus précisément ce qu'elle éprouve, de décrire ses sensations avec minutie, ça vous fait mal comment ?

Quand la douleur est apparue, Ninon y a instantanément pensé comme à une brûlure, l'a toujours exprimée ainsi, de cette manière simple, rapide, commune, mais en réalité « ça brûle » ne dit pas exactement cette fièvre à même la peau, « ça brûle » ne suffit pas.

Encouragée par la dermatologue, Ninon se lance dans une litanie un peu brouillonne, à la recherche du mot juste, dit que ses bras sont comme un tas de braises qui n'en finit pas de se consumer, que la douleur est une lame tranchante, une morsure, ou des piqûres de guêpes, des coups de fouet, la griffure d'un chat sur un coup de soleil, elle cherche mais tout lui semble approximatif, d'ailleurs Ninon n'est jamais montée sur le bûcher, n'a jamais été mordue par aucun animal, jamais été piquée par plus d'une guêpe à la fois, jamais poignardée ni fouettée jusqu'au sang – drôle de procédé que d'imaginer des expériences jamais vécues pour en exprimer une autre, intensément vécue celle-là –, elle dit encore comme une scarification peut-être, puis finalement s'agace de ce petit jeu, les mots tombent à côté, tournent autour sans saisir la chose, la douleur, qui reste informe, désarticulée, qui ne rentre décidément dans aucun mot, même à coups de boutoir – brûlure,

brûlure, brûlure –, ni même dans une phrase – on pourrait essayer, on pourrait dire par exemple : un serpent s'enroule le long de mes bras, sa langue empoisonnée lèche ma peau et y dépose une pellicule acide, mais ce n'est pas ça, pas tout à fait.

Les mots, impotents, déforment la réalité, décrivent mal ce qu'éprouve Ninon, lui apparaissent si banals au regard de ce qu'elle vit comme une sensation absolue, radicalement singulière ; rien de plus commun que la douleur, rien de plus partagé, et rien de plus ineffable, on peut apprendre cela à dix-sept ans, dont on a l'intuition depuis l'enfance.

Ça fait mal voilà, mais mal comment ? La dermatologue insiste encore, juge peut-être les indications de Ninon confuses, mais la douleur est devenue une sensation vague, aux intensités variables et intraduisibles. Ninon, sommée d'exprimer ce qu'elle éprouve, de l'exprimer avec objectivité, n'a plus rien à dire de clair, d'aussi clair que la douleur. Allongée sur la table d'auscultation, concentrée, elle remarque une araignée qui tisse sa toile sur la corniche du plafond haussmannien, est soudainement assaillie par l'angoisse de ne jamais guérir faute de précision, faute de vocabulaire.

Ninon peine à exprimer ses sensations, le médecin peine à interpréter ses mots, s'efforce de les associer à des symptômes connus, on se demande bien comment les médecins et les malades parviennent à communiquer, comment les médecins peuvent comprendre la douleur de leurs patients, les circuits qu'elle emprunte, y accéder d'une manière ou d'une autre.

Pourtant Ninon a aussi l'étrange impression d'être plus vive, plus affûtée depuis ces quelques jours, depuis que sa peau la fait souffrir en continu, comme si l'expérience de la douleur physique vivifiait sa pensée, comme si cette nouvelle configuration du corps avait induit une nouvelle configuration de l'esprit, une accélération de ses facultés intellectuelles, la sensation tout simplement d'être devenue plus intelligente, peut-être de cette intelligence épaissie, ramifiée, complexifiée par le temps, l'âge, la vie, comme si son cerveau s'était embrasé en même temps que sa peau.

La dermatologue lui dirait peut-être que tout cela n'a rien à voir avec le mal mais avec l'adolescence, cette phase de maturation du cerveau concomitante au bombardement hormonal, une grande vague de plasticité cérébrale au cours de laquelle les réseaux de neurones s'affinent au gré des expériences et des apprentissages, formant des parcours de plus en plus complexes et organisés. Maladie ou adolescence qu'importe, Ninon se sent plus acérée, plus cruelle aussi, une pleine conscience d'elle-même – elle se voit vulnérable, hypersensible, mais lucide et perspicace.

Avec la dermatologue elle n'évoque pas davantage ses antécédents familiaux, les épileptiques et les maniaques, les souffreteuses et les lymphatiques, et se tient rivée à sa décision : pétrie, levée comme une pâte tout au long de son enfance, malaxée par toutes les histoires racontées, elle peut décider d'interrompre le récit, il ne tient qu'à elle de sortir du jeu, de rompre le pacte. Enfant, elle s'était préparée à s'inscrire dans cette folle lignée, mais maintenant que les choses arrivent Ninon se rebelle, veut sortir du rang des possédées, non pas pour se singulariser, se démarquer, mais au contraire pour se fondre dans la masse anonyme et homogène, pour rejoindre le commun des mortels – le commun, et les mortels –, être une patiente parmi d'autres qui vient consulter un médecin parce qu'elle souffre, recueillir une parole rationnelle et scientifique sur son cas, si déconnant soit-il.

Après avoir ausculté Ninon, la dermatologue n'est plus si sûre de son fait, a perdu sa belle assurance, décontenancée elle aussi par l'absence de symptômes autres que cette douleur péniblement décrite, par l'invisibilité totale du mal dont se dit atteinte Ninon ; elle envisage deux ou trois pathologies, peu probables, mais il faut bien poser des hypothèses et une fois de plus fournir à Ninon quelques appellations scientifiques ou diagnostics ténébreux – peut-être une mutation des gènes de kératine qui provoquent la lyse et la dissociation des kératinocytes à la moindre friction de la peau, ou plus simplement une allergie cutanée, une patiente atopique allergique au nickel ou au caoutchouc par exemple.

Elle renvoie Ninon chez elle avec des antihistaminiques, qui seront sans effet, propose de patienter quelques jours pour voir si ça passe, ou si d'autres symptômes apparaissent qui pourraient ouvrir des pistes, ajoute qu'il faudra supporter la douleur quelque temps encore, et continuer les anxiolytiques ça ne peut pas nuire, et en effet cela ne nuit pas, l'abrutit un peu de telle sorte que la douleur lui est légèrement plus supportable, créant une minuscule marge d'indifférence à son mal, c'est déjà ça quand l'impuissance de la dermatologue a de nouveau accablé Ninon.

Cela ne passe pas, une semaine s'est écoulée, sans amélioration ni aggravation, cela passe d'autant moins que Ninon a décidé d'ignorer la douleur, de se laver, s'habiller, projette de retourner bientôt en cours quand la souffrance est permanente, commence à creuser son visage, les joues, les cernes, les commissures des lèvres.

Ninon consulte à nouveau la dermatologue qui a repensé à ce drôle de cas, peut-être imaginaire finalement, à cette peau parfaitement normale sur laquelle n'apparaît aucune lésion, aucune rougeur, aucune marque suspecte, cette belle peau juvénile, pâle et élastique, elle a repensé à cette jeune fille, si sérieuse et si triste, a réfléchi, consulté des confrères, cherché, fureté dans les livres et les rapports, et cette fois accueille triomphale sa patiente, et pose un diagnostic, l'annonce faite à Ninon, la résolution de l'énigme : allodynie tactile dynamique.

Qui en réalité n'est pas une pathologie mais un symptôme consécutif à une lésion, un dérèglement du système nerveux, une douleur neuropathique aussi nommée hyperesthésie cutanée, caractérisée par une sensibilité exacerbée du toucher, une souffrance inexplicable et disproportionnée, une douleur résultant d'un stimulus qui ne devrait provoquer aucune souffrance, une sorte de refus dermatique qui empêche quiconque d'accéder à la peau du malade.

Pour résumer, ce qui ne devrait pas faire mal fait mal, un simple effleurement, une caresse légère de vos bras se révèlent insupportables, mais pourquoi les bras, mystère, je ne peux pas vous dire. Par ailleurs, votre allodynie est atypique par son étendue, elle reste habituellement circonscrite à de petites zones.

Allodynie tactile dynamique, ô les trois grands, les trois beaux mots ! délicieusement pompeux et compliqués, trois mots quand on n'en espérait qu'un, qui claquent en bouche, le diagnostic posé Ninon en danserait de joie, enfin malade donc innocente, lavée de tout soupçon, quel soulagement de savoir qu'on a quelque chose plutôt que rien.

Sans doute Ninon imagine-t-elle que le plus dur est fait, que la guérison est désormais en marche par la grâce de ces syllabes prononcées à voix haute, allodynie tactile dynamique, un presque alexandrin qui déjà éloigne la douleur, une offrande du médecin à sa patiente, ces mots rythmés, aux sonorités enlevées, Ninon les articule, ils sont la solution car si la maladie existe, sortie de l'ombre, de la clandestinité, épinglée sur la grande carte des pathologies, c'est qu'elle peut être soignée, la description d'une maladie est le début de sa résolution, nommer le mal c'est commencer à le soumettre.

La dermatologue explique à Ninon que les causes de l'allodynie sont obscures, une pathologie qui affecte les nerfs et fausse l'information envoyée au cerveau, que la recherche n'a pas encore identifié le mécanisme spécifique de cette douleur ni ciblé avec précision les réseaux neuronaux responsables – on ne sait pas si ce sont les terminaisons nerveuses qui sont atteintes et, surtout, les antalgiques ne sont pas efficaces, il faut trouver d'autres moyens, des moyens détournés pour soulager, on peut essayer des antidépresseurs tricycliques, des neuroleptiques, certains antiépileptiques ou opiacés – Ninon les testera bientôt. Et : est-ce que c'est grave ?

Ce n'est pas grave, c'est mystérieux, c'est éprouvant, c'est rare, on n'en meurt pas, c'est un objet de recherches, marginal, pas encore assez rentable, mais quand même on s'y intéresse, un peu.

On va commencer par évaluer précisément votre douleur et l'étendue de cette hyperalgésie sur votre peau, on va faire des tests ; elle griffonne son bloc, de cette écriture cryptée qu'affectionnent les médecins, sans doute pour que les ordonnances ressemblent à des enchaînements de formules magiques, elle regarde Ninon avec douceur, sans arrière-pensées.

Ninon marche jusqu'à la rue des Dames légèrement ivre, traversée en alternance de bouffées de désespoir et d'euphorie, incapable de fixer sa pensée, le cœur ratatiné puis dilaté, froid et chaud, elle réveille sa mère endormie sur le canapé, trois cigarettes à peine consumées dans le cendrier, un plaid sur le haut du corps, maman c'est une allodynie tactile dynamique, les trois mots brandis en signe de victoire, et pour la première fois depuis le début de cette histoire Ninon sourit, sa mère se redresse, chiffonnée, interloquée – et donc ?

Nombre de médecins qui se sont penchés sur les cas saugrenus de la famille de Ninon Moise ont échoué à les guérir, parfois même échoué à simplement les nommer. Ninon, comme sa mère, a droit à un beau diagnostic, allodynie, achromatopsie, mais elle ne se contentera pas d'un diagnostic, elle veut être soignée, elle entend bien se débarrasser de cette infamie, et si la désignation par la science est le préalable à son projet, tout théorique mais essentiel, de substituer la maladie au mauvais sort, la santé au salut, d'écrire son histoire, une histoire biologique plutôt que maléfique, une histoire dans laquelle on guérit sans séquelles au dernier chapitre, cela ne lui suffira pas. Atteinte à son tour d'un mal étrange, Ninon a la rage de la raison, entend convertir, par un formidable élan de sa volonté, le déterminisme génétique en hasard, entend désormais souffrir d'une affection hors sol, hors ce sol boueux et stérile sur lequel prospère sa famille depuis des siècles, Ninon veut faire disparaître les sorcières qui toujours menacent, veut sortir de l'enfance, âge des récits, pour rejoindre le temps, adulte, des expériences raisonnées.

C'est une décision, celle de contrarier sa propre histoire, ses présomptions et ses penchants, de remonter le courant de son intuition initiale, qui lui a fait dire le 19 janvier au réveil je suis maudite comme toutes les autres.

Bon, on ne sait pas encore très bien soigner cette maladie, il va falloir chercher des remèdes, essayer des trucs, mais ne t'inquiète pas maman je vais guérir.

Tu n'as pas bonne mine ma fille.

S'il n'y a pas de traitement spécifique, il y a l'espoir d'endiguer la douleur, de ne plus être condamnée à souffrir comme l'exigent la tradition familiale, le fatalisme enseigné par sa mère, condamnation consentie, jamais jugée scandaleuse à travers les siècles, on ne se rebelle pas contre le mauvais sort, on courbe l'échine, on est un monstre, un martyr, un saint, on n'est pas comme les autres.

Ninon a rendez-vous avec un médecin spécialiste de la douleur, de son évaluation. Un cabinet dans les quartiers cossus du XVIe arrondissement, une salle d'attente avec ses lithographies encadrées et ses canapés avachis, un médecin qui tend la main, cette fois il est âgé, une moustache blanche, épaisse et tombante, des lunettes rondes en écaille.

Ninon ôte son sweat siglé NY, le coton frotte sa peau et ravive le feu, elle grimace. On va mesurer l'intensité et l'étendue de votre douleur, le niveau d'agacement de votre peau.

L'examen est une allodynographie : un poids de quinze grammes est appliqué en plusieurs points de la zone atteinte afin d'en déterminer avec précision les limites, de cartographier le territoire allodynique, d'évaluer la réponse galvanique de la peau.

Ninon s'est allongée une fois encore sur la table d'examen, désigne ses bras, des épaules aux poignets, faces interne et externe, ce que confirme l'application délicate du petit poids en fonte, noir, froid, semblable à ceux des épiciers autrefois, suspendu à un fil en nylon, et qui vient se poser comme un engin lunaire sur la surface sans relief de son corps, sur la géographie floue de sa peau douloureuse, en une multitude de points mêmement sensibles, aux aisselles, sur l'arrondi de l'épaule, à la saignée du coude ; et partout c'est une égale intensité, la même écorchure, l'examen ravive cette nausée sourde qui accompagne continuellement Ninon, ces grumeaux de douleur, elle se concentre sur la moustache du médecin pour ne plus y penser.

On commence par une stimulation rapide autour de la zone atteinte, puis à mesure qu'on s'approche de la zone concernée la stimulation ralentit, le poids se pose sur la peau, un intervalle de deux secondes, suivi de huit secondes de relâchement. Le médecin demande à Ninon de fermer les yeux, de dire « touché » quand elle perçoit le contact ; puis lui demande de regarder une ligne horizontale tracée sur le mur d'en face, c'est une échelle visuelle analogique de 1 à 10, l'extrémité gauche indique l'absence de douleur, la droite la douleur maximale imaginable, si je pose le poids ici où placez-vous le curseur sur la ligne ? Sur 7. Et là ? 7 également. 7, 7, 7.

Le médecin installe maintenant Ninon dans un minuscule bureau sans fenêtre attenant à la pièce d'auscultation – table, chaise, crayon à papier, verre d'eau : vous allez remplir un questionnaire, ne vous découragez pas c'est un peu long, il s'agit de caractériser le plus précisément possible votre douleur, de s'en approcher au maximum, il y a vingt catégories à renseigner, chacune propose plusieurs mots pour qualifier ce que vous ressentez : les dix premières catégories concernent les sensations, les dix suivantes les affections, vous verrez ce sera plus clair en répondant aux questions.

Il s'agit de tracer le relevé sismographique de la douleur de Ninon – son corps est le sol, le mal un tremblement de terre.

La porte claque, Ninon étale les feuilles du questionnaire, boit l'eau cul sec, elle est tiède et légèrement chlorée, remarque que la pointe du crayon à papier vient d'être taillée.

Votre douleur ressemble-t-elle à des : frissons, pulsations, démangeaisons, compressions, torsions, brûlures, coupures, déchirures, piqûres, tiraillements, élancements, frémissements, écrasements, étirements, arrachements, picotements, battements, fourmillements, engourdissements, pincements, serrements, décharges électriques, lourdeurs, coups de marteau, coups de poignard ? Barrez les mentions inutiles.

Diriez-vous que votre douleur est : gênante, pesante, pénétrante, irradiante, suffocante, épuisante, fatigante, oppressante, angoissante, harcelante, torturante, exaspérante, horripilante, déprimante, obsédante, pénible, suicidaire, affreuse, intense, horrible, intolérable, nauséeuse, syncopale, cruelle ? Entourez les termes qui vous paraissent adéquats.

Pour Ninon cela ressemble d'abord à une blague, pas drôle, elle reste interdite devant cette montagne de mots, bien trop fatiguée pour faire l'effort d'apprécier ces raffinements sémantiques, de distinguer les écarts de sens ; tous ces mots – qui pourtant lui manquaient – n'élucideront pas davantage son état, troublent un peu plus ses sensations. Peut-on seulement maîtriser la douleur en la nommant petit à petit ? Envelopper une aura de douleur d'une aura de mots ? Faire coïncider leurs contours respectifs ?

Ninon entreprend de lire, patiemment, lit chaque mot, relit, puis à voix haute pour évaluer leurs effets, tout en piquant son bras de la pointe du crayon, espérant un effet magique, un miracle verbal, mais la souffrance reste diabolique et rétive, une armée de mots n'en viendra pas à bout, ils s'écrasent, se désagrègent contre le mur blindé de la douleur. Ninon tâche encore de se concentrer sur l'exercice, veut faire plaisir au médecin, s'attirer ses faveurs, comme s'il fallait le séduire pour qu'il accepte de la soigner, finit donc par entourer une dizaine de mots, dont « torsions » et « harcelante ».

À ces mots elle aurait pu ajouter des sons, un ensemble de plaintes et de cris expulsés d'une voix cassée et gutturale, des gémissements, des grincements de dents et des craquements d'articulations, des ongles qui crissent sur un tableau noir, un couteau qu'on aiguise, quelques pleurs et du silence – toute cette riche langue physique et bestiale qui n'a rien à voir avec la parole.

Plus tard, alors que l'allodynie continuera de la miner, Ninon cherchera toujours comment exprimer cette souffrance érodante, pas forcément aux autres, aux médecins, mais simplement pour elle-même ; elle trouvera alors dans la musique une langue adéquate, le punk sombre et abrasif, les beats hip-hop pulsatiles, les nappes électro profondes pour dire toutes les intensités de la douleur, ses variations au gré des assauts subis par sa peau, et qu'avec le temps elle apprendra à différencier – vêtements, eau, contact furtif dans le métro, coup de coude involontaire, drap –, une brûlure crescendo puis decrescendo, grave ou aiguë, une corde pincée ou effleurée, une affaire de rythme, de boucle symphonique ; et dans les moments les plus vifs, les plus agressifs, elle convoquera tout un orchestre, cymbales, caisse claire, triangle et tambour, violon qu'on accorde et touches noires du piano.

Plus tard encore elle empruntera d'autres biais, cherchera toujours des formes accueillantes pour sa douleur, des images, des traductions, un cadre qui puisse recueillir ce qu'elle nomme toujours brûlure pour aller vite, pour simplifier, mais qui continue d'excéder et sa vie et les mots.

À quoi de connu ressemble ce que j'éprouve et que je ne comprends pas ? La musique donc, beaucoup, la peinture parfois – des images hurlantes et rouge vif de Francis Bacon trouvées sur Internet –, et un soir, alors qu'elle somnole, bercée par le flux de la radio, un bulletin de météo marine, ce langage énigmatique, litanique, heurté, inaccessible aux profanes, à tous ceux qui ne prennent pas la mer, la sort de sa torpeur – Ninon monte le son, intriguée par ces drôles de mots qui lui semblent épouser tout à fait sa douleur, résonnent avec la matière sombre qui l'a colonisée, une coïncidence inexplicable –, dépression de 965 hectopascals à 340 milles au sud-ouest de l'Islande se comblant lentement sur place, prévue à 983 hectopascals ce soir, maintien d'un vaste thalweg associé vers le sud qui pivote vers le sud-est, une nouvelle dépression se creusant dans ce thalweg, prévue à 995 hectopascals à 330 milles au nord-ouest de la Corogne à 11 heures UTC, puis se décale vers le sud-est, dorsale associée se renforçant sur la Scandinavie puis sur l'Europe de l'Ouest demain, vent de sud-est force 7 ou 8, fraîchissant 8 ou 9 cet après-midi, mollissant 6 à 8 la nuit, fortes rafales, mer forte à très forte, devenant localement grosse au nord, bouée Sandettié vent de sud-est 16 nœuds, visibilité 29 milles, haute pression continentale, flux de secteur sud-est dominant, avis de coup de vent sur Hébrides, Viking, Utsire, Dogger, German, coup de vent à fort coup de vent prévu sur Fisher, Tamise, Ouessant.

Bercée par une sorte d'hallucination verbale, Ninon se fond dans la musique des marins, la voix de Laurence sur les ondes de Radio France et, c'est un mystère, ces prévisions obscures lui évoquent chaque parcelle de sa peau à vif, les ondulations de sa souffrance, et même chaque moment de la journée, du réveil douloureux au coucher éreinté, en passant par les quelques phases de répit.

Ninon ne sait pas ce que signifie Hébrides, Viking, Utsire, Dogger, German, sans doute des lieux, des zones, mais elle rebaptise ainsi les espaces infestés de son corps, Ninon ne comprend rien mais est sensible aux vents, à la houle, aux creux qui se forment dans la mer, aux rafales et aux flux, à la dépression – elle cherche désespérément des signes et la voix chaude et ferme de Laurence lui parle de son corps dans la tempête, bien plus que tous les questionnaires des médecins.

Après l'allodynographie, qui ne lui apprend rien de plus que ce qu'elle sait déjà, c'est-à-dire l'étendue exacte de l'allodynie – mais l'expérience vécue du patient est désormais validée par la science –, le médecin spécialiste de la douleur fait asseoir Ninon, parcourt les résultats du questionnaire en dodelinant de la tête, sort son bloc d'ordonnances et griffonne – vous allez essayer une série d'antalgiques dans un premier temps, on verra comment vous réagissez et on avisera – puis, calé dans le fond de son fauteuil, mains croisées sur l'estomac, comme pour faire durer le moment, peut-être que Ninon lui inspire de la sympathie, peut-être que son air renfrogné l'amuse ou le touche, peut-être qu'il veut divertir cette jeune fille frappée par un sort cruel : je vais vous raconter une histoire.

Longtemps j'ai suivi un patient qui souffrait d'une hypersensibilité du bout des doigts, il ne pouvait rien toucher, rien saisir, et aucun traitement ne le soulageait, alors il a eu l'idée de se faire pousser les ongles long, très long, pour protéger ses doigts, pour condamner cette petite partie trop sensible de son anatomie, pour se fabriquer comme une armure de corne. Avec le temps, ses ongles sont devenus si longs qu'ils ont fini par se recourber, formant des serres de rapace entortillées sur elles-mêmes. Il venait régulièrement me voir pour me montrer l'avancée de la pousse, ses ongles jaunis et tordus indisposaient de plus en plus son entourage, mais lui en était fier, fier d'avoir eu cette idée mais surtout fier de sa petite singularité, heureux de se faire remarquer. Il a fait de cette douleur nerveuse si handicapante, de cette infirmité, un nouvel élément de son identité. Ses ongles continuaient de pousser en serpentins, il ne les taillait jamais, cela devenait vraiment encombrant, il se griffait et griffait les autres mais ça l'amusait ; et surtout l'extrémité de ses doigts avait disparu et il ne souffrait plus. Je vous raccompagne ?

Ninon, décontenancée par l'étrange récit, y cherchant un sens caché, en quoi elle serait concernée – qu'est-ce qui pourrait bien pousser sur ma peau en guise de protection ? –, se laisse guider en silence jusqu'à la porte du cabinet médical, un dernier sourire énigmatique, une poignée de main, on se revoit dans un mois.

Ninon, une fois encore dépitée par la parole scientifique, interprétera l'histoire de l'homme aux ongles immenses comme le signe qu'elle ne guérira pas, qu'il lui faudra donc elle aussi trouver une parade, un subterfuge, une prothèse pour continuer à vivre.

Elle s'affale dans le canapé, allume la télé – frottement douloureux –, la brûlure fait enfler un bras imaginaire, Ninon serre les poings de rage, se mord l'intérieur de la joue, bondit furieuse, vient se cogner trois fois la tête contre la porte en mugissant, assez pour que se forme une légère bosse violacée, pour déloger la douleur du bras et la faire migrer sur son crâne, la faire naviguer dans le corps, d'un coin à l'autre, qu'un instant ça pulse et ça brûle plus fort sur ce front endolori c'est un soulagement, une satisfaction même ; une douleur en divertit une autre, Ninon voudrait s'évanouir sur commande pour un peu de répit, craint que la douleur ne finisse par la rendre folle, cette ivresse, ce vertige de la douleur.

Le spécialiste a signé un arrêt maladie de plusieurs semaines, Ninon avale scrupuleusement la série de nouveaux antalgiques prescrits, les teste les uns après les autres, des dizaines de cachets qui sont sans effet, ne font que lui détraquer l'estomac ; elle reste la majeure partie du temps enfermée dans sa chambre à lire tout ce qui lui tombe sous la main – par chance Ninon aime les livres, un goût pour la fiction sans doute hérité de sa mère, des Folio classique, Maupassant et Charlotte Brontë, des polars nordiques, Stieg Larsson et Camilla Läckberg –, à errer sur Internet, à regarder des séries américaines d'un œil las – *Orange Is the New Black* ou *Game of Thrones* –, mais la douleur souvent l'épuise, elle ne peut plus se concentrer très longtemps, écoute alors de la musique au casque, beaucoup de drum'n bass assourdissante, la rappeuse Keny Arkana, et flotte apathique pendant des heures sur d'épaisses nappes de son.

Ninon prend rarement ses repas avec sa mère, préfère se servir dans le frigo tandis qu'Esther tâche de faire bonne figure, frappe parfois à la porte pour demander si Ninon a besoin de quelque chose, glisse un magazine, dépose une plaquette de chocolat ou une bougie parfumée, une mère démunie qui se dit que ça va passer, le silence, la distance, que sa fille se tournera à nouveau vers elle, que ce sont les moments difficiles de l'adolescence, qu'on va trouver un remède ou que Ninon finira par reprendre une vie normale car c'est le lot de toutes les femmes de cette famille, qui ont toutes vécu, tant bien que mal, et en réalité pas si mal au regard du mauvais sort.

Un soir où sa fille accepte de dîner en sa compagnie, Esther tente maladroitement de remonter le fil de sa généalogie comme pour la rassurer – tu n'es pas toute seule, on s'en sort toujours, d'une manière ou d'une autre –, mais Ninon s'agace, se fâche, et plus encore quand sa mère change de sujet, veut lui parler de son boulot ou d'un homme séduisant qu'elle a rencontré à la fin d'une séance, un critique de cinéma au *Parisien* ; la voix si précautionneuse d'Esther, outrageusement douce, la remplit de colère, elle ne finit pas les lasagnes au saumon et quitte la table, prise d'un étourdissement soudain.

Ninon déprime, dort de plus en plus mal, perd l'appétit, maigrit, pâlit, irascible, la moindre contrariété déclenche un orage – la porte de sa chambre mal refermée, un dvd qui manque dans sa boîte –, conscience malheureuse prisonnière d'une peau douloureuse, cloîtrée dans sa chambre, tout est noir et désespérant, Ninon n'envisage plus la moindre relation avec ses amis qui d'ailleurs ne la reconnaîtraient pas – elle les maintient à distance par des textos sibyllins évoquant une maladie bénigne mais contagieuse, prétextant une extinction de voix saugrenue pour ne pas répondre au téléphone –, s'exprime à peine désormais, sinon quelques insultes grommelées à chaque contact brûlant, à chaque morsure de la douleur qui alimente sa tristesse, nourrit la bête féroce prospérant sous sa peau, commence à défaire sa vie – les jours passent, deux mois déjà.

Dans le miroir c'est maintenant un visage légèrement différent du sien, marqué par l'anxiété, traits tirés, veines qui affleurent aux tempes, elle regarde ce visage déformé par la souffrance, décidément la douleur s'est installée, sans équivoque, sans temps mort, la fine chemise de coton sur sa peau la blesse, elle se trouve vraiment une mauvaise tête, un masque de carnaval, bientôt figée dans un seul rictus : j'ai mal, privée de toutes les autres expressions possibles, celles nombreuses de la pensée, celles contrastées des émotions. Ninon esquisse un sourire, pense que la vie qui était simple et discrète et les habitudes fluides ne le seront plus, que c'est étonnant comme les choses vont de soi quand on est en bonne santé, comme l'existence est abstraite, presque une idée, juste un mot, et comme elle devient affreusement concrète dès lors qu'on souffre, comme elle devient épaisse, pesante, plus du tout cette marche naturelle et tranquille, le vent dans le dos jour après jour, sans que l'on s'en inquiète, la rivière paisible qui coule en soi avec autant d'évidence que le sang dans les veines, le cœur qui pompe et un pied devant l'autre, c'est l'expérience continue de la santé et de la jeunesse tout à coup fracturée, le fil souple et invisible du quotidien rompu, Ninon a le sentiment d'avoir vieilli d'un siècle, délogée de son âge et de son corps, un corps traître à sa propre cause, mécanique si parfaite devenue cloaque de douleur, ce corps familier, complice, qui disparaît au profit d'un corps hostile, réticent, indocile, un corps qu'on ne reconnaît plus, c'est la traîtrise de la vie même, son indifférence crâne, un bulldozer aveugle, dont les mouvements brutaux et désordonnés ont réveillé un démon, la vie qui se met à dérailler en elle. Il est entendu que vivre c'est réduire peu à peu les possibilités mêmes de la vie mais il est bien tôt pour Ninon, il est bien tôt pour perdre l'habitude insouciante, presque inconsciente, d'être parfaitement vivante.

Seules les pensées qui roulent sous son crâne restent à peu près intactes, comme si la souffrance avait tout paralysé sauf le cerveau, clairière miraculeusement préservée, l'intelligence est comme une boule de feu, Ninon a les idées claires malgré l'humeur sombre, malgré l'angoisse que le mal s'installe, qu'il devienne sa peau tout entière, s'élargisse à toute sa chair, contamine chaque organe, se dilate dans chaque recoin de son corps, et le fasse imploser.

Esther Moise, particulièrement scrupuleuse quand il s'agit de servir le récit familial, fit très tôt remarquer à sa fille que le mal héréditaire a ceci de remarquable, et sans doute de passionnant pour la science, qu'il évolue avec son temps, s'adapte aux circonstances – des pathologies qui épousent les contours de l'époque, les travers du siècle dans lequel elles s'épanouissent ; ainsi pas de cas de lèpre ou de sorcellerie au XXe siècle, pas de femme exorcisée, brûlée, condamnée par l'Église.

L'arbre généalogique de Ninon est un arbre darwinien, un arbre phylogénétique qui retrace autant des filiations que l'évolution des organismes vivants, les transformations de leurs caractères morphologiques au cours des générations, la diversification des formes de vie.

En classe de troisième, le seul cours de biologie qu'elle suivit avec un peu d'intérêt fut celui consacré à la théorie de l'évolution ; Ninon eut le sentiment qu'on y parlait d'elle, de sa famille, qu'on lui racontait son histoire, une histoire d'ancêtre commun, d'espèces et de changement. Pour une fois la parole professorale ne sonnait pas fumeuse ou désincarnée, elle coïncidait avec ce que lui avait toujours expliqué sa mère : ça mute.

Et au XXe siècle, siècle de sa naissance, ça avait muté d'une manière qui lui sembla d'abord décevante voire suspecte au regard des épopées inouïes de ses ancêtres, trop prosaïque sans doute pour son imaginaire modelé par le sortilège moyenâgeux qui avait frappé Marie Lacaze. Ça avait muté par exemple chez Brune Clamart, cousine d'Esther Moise, devenue toxicomane à la suite d'un sombre mal de dos.

La vie de Brune Clamart fut une succession d'épreuves endurées et de libertés arrachées. Après son bac à la fin des années 70 elle rallia le Togo, s'improvisa vendeuse de fruits sur les marchés, porta les cheveux jusqu'à la taille et aussi délavés que ses grands yeux d'eau, finit par rentrer en France, fit du porte-à-porte pour un éditeur d'encyclopédies, plaqua tout le jour de ses vingt et un ans pour suivre un garçon qui se faisait appeler Paulo et vivait dans un camp manouche à Montreuil. Brune s'installa avec lui dans une caravane, se rebaptisa alors Nuage, les jours de fête elle mangeait du hérisson cuit dans une croûte de terre ou de l'écureuil au bon goût de noisette ; mais la belle vie prit fin, Brune fut à son tour frappée et tomba malade, une pathologie qui laissait les médecins perplexes, dont on ne sut identifier ni la cause ni même le nom, qui attaquait le cartilage entre les vertèbres, l'effritait lentement, comme si un minuscule rongeur s'était introduit dans sa colonne vertébrale et l'avait grignotée un peu plus chaque jour. Brune dut porter un corset, Paulo la quitta, on lui greffa un morceau de l'os de la jambe sur la colonne, elle fut envoyée en convalescence dans les Pyrénées – allongée dans une coquille de plâtre pendant trois mois pour que la greffe prenne, puis encore trois mois pour marcher de nouveau.

À vingt-trois ans, sortie de cet enfer mais souffrant continuellement du dos, Brune commença à se shooter pour apaiser la douleur, atteignit rapidement deux grammes par jour, était désormais toxicomane, dealeuse et consommatrice, et fit cinq overdoses – c'était une vie de chien, elle puait la sueur du matin jusqu'au soir, comme grippée en permanence, et il lui fallait chaque jour une boîte de Néo-codion, un antitussif opiacé, pour se lever.

À bout de forces, Brune décida de décrocher pour ne pas crever, de s'isoler pendant un an dans une ferme au Crotoy, en baie de Somme, partit là-bas sans rien, sans cachets, les premiers temps buvait un litre de Ricard et fumait deux paquets de clopes par jour pour tenir, souffrait terriblement, au bout d'un mois se sentit un peu mieux, assez en tout cas pour faire quelques travaux dans la maison et un peu de jardinage, rentra finalement à Paris en femme ressuscitée pour suivre une formation de couturière, et se fit embaucher chez un tailleur pour hommes rue de la Paix.

Esther lui raconta cette histoire contemporaine d'une traite, alors que Ninon avait dix ans, et que Brune Clamart s'en était enfin sortie. Comme chaque fois, le récit était ritualisé, un nouvel épisode de la saga familiale avant de s'endormir : à la nuit tombée dans le petit lit en fer forgé, deux oreillers sous la nuque, entourée de ses peluches. Ninon ne l'avait pas encore rencontrée mais fit sa connaissance deux ans plus tard, aima immédiatement cette femme cabossée au drôle de langage – il fait touffe aujourd'hui –, et qui parlait sans gêne de ses années de toxico – la nuit je rêve encore que je me shoote et puis je me réveille parce que je sens rien.

Mais ce fut la proximité qui impressionna d'abord Ninon, la possibilité de toucher Brune de son doigt potelé, de s'asseoir sur ses genoux ; la cousine de sa mère était une preuve tangible et immédiate de la disgrâce familiale, son incarnation au présent. Ce qui n'avait été qu'une succession de figures légendaires devenait réel avec Brune, son corps portait encore les signes non pas du mal, son dos avait fini par la laisser en paix, mais des conséquences de ce mal, les veines saillantes, le blanc de l'œil jauni, les dents grises, autant de traces de l'anarchie cellulaire, du désordre héréditaire.

Un soir, Esther, jamais innocente, souvent trouble, dépose à la porte de la chambre de sa fille *La Métamorphose* de Kafka.

Ninon la lit dans la nuit et comme prévu, comme imaginé, le récit, saisissant et cruel, la fascine, elle s'y voit : elle est la sœur d'infortune du héros de Kafka, Gregor Samsa.

Gregor qui, comme Ninon, se réveille un matin transformé en cancrelat quand aucun signe avant-coureur ne laissait présager la catastrophe. Gregor gisant sur le dos qui découvre son ventre brun bombé, ses pattes d'insecte s'agitant frénétiquement devant ses yeux, Gregor empêtré dans son nouveau corps, sa nouvelle peau qui a durci en carapace, éprouvant une douleur qu'il ne connaît pas encore, d'étranges démangeaisons, et sa voix méconnaissable, bestiale, métamorphosée elle aussi, toute parole devenue inaudible, tout échange verbal avec les humains désactivé. Gregor qui ne reconnaît plus vraiment sa chambre, espace reconfiguré par le nouveau corps qui l'habite, bientôt le lieu de la relégation mais aussi d'une certaine tranquillité, avant de devenir sa tombe – Ninon balaie du regard sa chambre, plus si familière désormais, une boîte qui est une prison autant qu'un refuge.

Tout comme Gregor Ninon ne peut plus dormir sur le côté droit, la position est devenue trop douloureuse, et comme lui elle est condamnée à gésir sur le dos tel un macchabée, réduite aux semblables nuits d'insomnie et de ressassement.

Gregor Samsa et Ninon Moise vivent le même cauchemar, éprouvent le même bouleversement, tous deux projetés hors du monde des humains, ils inspirent la peur, sans doute le dégoût, à Gregor comme à Ninon tout amour est désormais impossible, et comme le bout des pattes de Gregor sécrète une substance collante, la peau de Ninon exsude un poison mystérieux et invisible.

Leurs mères aussi sont les mêmes, impuissantes, condamnées à se tenir de l'autre côté de la porte de la chambre, à se lamenter en vain quand tout contact et tout dialogue sont rompus, la force des sentiments maternels n'y pourra rien, l'empathie et l'amour ne les sauveront pas de l'horreur, ensemble ils chutent, incompris, solitaires, clos dans des corps qui constituent finalement leur unique réalité, repliés en eux-mêmes quand le monde au-dehors se dissout. Ninon relira plusieurs fois le passage qui décrit le cancrelat à sa fenêtre, le pauvre Gregor monté difficilement sur une chaise pour regarder la rue, devenue à ses yeux d'insecte un morne désert.

Mais si Ninon est camarade d'infortune de Gregor Samsa, elle se refuse, comme il le fait si vite, à capituler ; chez Gregor tout espoir de guérison disparaît, la certitude de l'irréversible s'impose, la résignation puis l'acceptation de sa nouvelle enveloppe corporelle sont si rapides, en quelques jours il manie parfaitement son nouveau corps, ouvre la porte, grimpe aux murs et aux plafonds, se faufile, se nourrit d'immondices, la métamorphose est sans retour, elle a pris le contrôle de sa vie, occupe intégralement la place du Gregor d'avant.

Ninon a peur de la résignation – Gregor finira par se laisser glisser vers la mort pour libérer sa famille du fardeau, pour qu'elle puisse recommencer à vivre. Ninon a peur de s'habituer à l'état de cancrelat, à l'horreur comme étalon de l'existence, et que le scandale n'en soit plus un.

Plus tard, après une deuxième lecture de *La Métamorphose*, y cherchant peut-être la clé de sa guérison, après avoir refermé le Folio écorné et jauni, qu'elle a lu à sa table, dos droit et bras dégagés, Ninon se laisse tomber sur le lit défait, décidée à dormir un peu. Mais sa peau brûlée la maintient éveillée, nerveuse, elle n'ose bouger de peur de raviver la brûlure qui s'est stabilisée, se tend, ne pense plus qu'à cette peau autrefois fondue dans le sommeil paisible du corps et qui maintenant se hérisse de barbelés invisibles, sa peau devenue une hallucination, elle regarde ses bras s'attendant une fois de plus à les voir rougis ou veinés ou cloqués, et les regardant elle repense à l'écorce de cancrelat de Gregor Samsa, et repensant à Gregor ce sont d'autres images qui lui viennent, des images de cinéma en couleurs et d'effets spéciaux, les regardant elle pense – les associations d'idées, les pensées qui dérivent – aux films de super-héros que sa mère ne pourra jamais voir car en noir et blanc quel intérêt ?

Elle y pense à cause de Gregor, sans doute aussi à cause de la solitude des super-héros, de leur hypersensibilité et de leurs métamorphoses, elle y pense peut-être parce qu'ils sont, comme elle, comme Gregor, des cobayes, objets plus ou moins consentants d'innovations biologiques et d'expériences sur le vivant, elle y pense comme à une nouvelle famille possible, s'envisage en super-héroïne transformiste – il faut bien accéder à une nouvelle représentation de soi quand on est doté d'un nouvel organisme, il faut bien se reconsidérer, et le super-héros pourrait être la forme la plus adéquate à cet état inattendu.

Ninon figée sur son lit est une super-héroïne, certes privée de pouvoirs mais au corps modifié, séparé du reste du monde, une héroïne inadaptée, mutante. Elle est cette super-héroïne qui a élargi le champ de ses perceptions, soumise elle aussi à une modification nerveuse et chimique de son métabolisme, dix fois, cent fois, mille fois plus sensible aux vibrations du monde, aiguisée par la douleur et par l'épreuve, Ninon se rêve en petite sœur des X-men, de Wolverine doté d'hypersens, d'Angel au sang guérisseur, de Cyclope qui fait pulser des rafales d'énergie optique, s'imagine en fille de Spiderman piqué par une araignée radioactive plutôt que d'Esther Moise, elle-même fille, petite-fille et arrière-petite-fille de dégénérées – et cette filiation réinventée constitue une modeste consolation qui la détourne un instant de ses idées noires.

Au bout d'un mois d'antalgiques inefficaces et de dépression sévère, les boîtes de médicaments rageusement jetées à la poubelle et un début d'ulcère, le spécialiste de la douleur adresse Ninon à un ergothérapeute pour débuter un traitement mécanique du symptôme allodynique. Elle ne sait pas ce qu'est un ergothérapeute mais la seule évocation de cette spécialité la revigore un peu.

L'ergothérapeute s'occupe des handicaps moteur et neuropsychologiques, c'est un rééducateur, il va rééduquer votre sensibilité, rééduquer la sensation de douleur.

Mais c'est une chose étrange que d'éduquer la douleur, de la remettre dans le droit chemin, car pour Ninon comme pour nous tous rien de plus incontestable que la douleur, cela ne se discute pas, et la peau ne ment pas.

Pourtant l'ergothérapeute qui reçoit Ninon dans un cabinet aux murs tapissés de liège – tenue paramédicale vert amande, pantalon et chemise sans col dont le V laisse apparaître de courts poils frisottés, la trentaine sportive – commence par prévenir que la douleur peut être une erreur, un signe illusoire du moins, qu'il ne faut pas toujours s'y fier.

Il la fait asseoir dans un fauteuil d'auscultation, sort de l'armoire métallique une mallette dont il extrait, avec la délicatesse qu'impose la manipulation d'une relique, un carré de fourrure grise d'environ vingt centimètres sur vingt centimètres : une peau de lapin.

Laissez-moi vous expliquer. Ce morceau de fourrure est un agent thérapeutique tactile. Il s'agit de vous soigner par contre-stimulation tactile à distance, en frottant votre peau humaine avec cette peau de lapin. Pour vous permettre de percevoir petit à petit un stimulus non nociceptif, c'est-à-dire non douloureux, sur un territoire cutané initialement allodynique. En français courant cela signifie que je vais frotter votre peau avec cette peau de lapin, par petites touches concentriques, autour de la zone douloureuse, pour m'en rapprocher petit à petit au fil des séances, et finir par y accéder totalement sans que vous ne ressentiez plus aucune douleur ni gêne. Vous serez alors guérie.

Ninon se demande s'il y a lieu d'en rire, si l'ergothérapeute n'en fait pas un peu trop, le procédé paraît tout à fait dérisoire au regard de l'ampleur de la débâcle, est-ce qu'on la prend vraiment au sérieux ? Comment une peau de lapin pourrait-elle régler un mystère physiologique aussi grand, pourrait-elle réussir là où tout semble échouer, et d'ailleurs si c'était aussi simple que ce morceau de fourrure pourquoi n'a-t-on pas commencé par là, avant les prises de sang, les scanners, les cachets inefficaces et les questionnaires sans fin ?

Mais Ninon balaie sa mauvaise humeur, est prête à tout essayer, à s'abandonner dans les bras de la médecine qui sont des bras de pieuvre, une multitude de tentacules, disposée à toutes les expériences, à toutes les investigations, Ninon qui n'a rien à perdre et plus aucune stabilité – alors une peau de lapin sur sa peau de chagrin pourquoi pas ?

Et il est de quelle race votre lapin ? Un bleu de Vienne, les meilleurs, je l'ai tué moi-même, je vous laisse apprécier sa fourrure dense, longue, lustrée, couleur bleu ardoise, vous aimez les lapins ? Cette race domestique originaire d'Autriche est particulièrement docile, les animaux pèsent entre trois et cinq kilos, celui-ci était assez gros, un plomb entre les deux yeux et c'était réglé.

Maintenant le type lui plaît, Ninon pourrait bien tomber amoureuse de l'ergothérapeute prince charmant s'il la guérissait, s'il la délivrait, elle pourrait coucher avec lui, sa peau et la sienne pourraient entrer en contact, un miracle, la résurrection, l'amour lui serait à nouveau promis, et elle mourrait moins bête – et ça marche avec d'autres peaux d'animaux ? la loutre ? le vison ?

Le contact serait certainement plus doux, et qui sait plus efficace, mais à mon avis trop cher pour la Sécu. Le chat sinon ? et le cochon d'Inde ?

Je vous avoue qu'on a choisi le lapin pour cet équilibre parfait entre tous les paramètres : taille, douceur, coût, disponibilité, capacités de reproduction, facilité de dépouillage – vous savez qu'il est très facile d'écorcher un lapin, de lui enlever la peau, vous tirez d'un coup sec et ça vient, d'un seul tenant, vous lui enlevez son petit pyjama, et après on peut le consommer façon sauté chasseur ou à la moutarde.

On y va Ninon ? Montrez-moi l'étendue exacte de la zone douloureuse. Les bras, la totalité des bras, des épaules aux poignets, faces interne et externe.

L'ergothérapeute s'étonne lui aussi, en silence, de l'étendue atypique, et même inouïe, de cette allodynie.

Nous allons tourner autour, évoluer à la lisière de vos bras, nous approcher au plus près des frontières sans jamais les franchir, pour le moment. Nous déterminerons ensemble une zone de travail, la zone à contre-stimuler, zone verte, et une zone rouge interdite, douloureuse, à éviter absolument. Je vais même, si vous en êtes d'accord, tracer une carte sur votre peau, avec ce feutre, c'est une encre qui disparaît en quelques heures. Le but est d'élargir petit à petit, millimètre par millimètre, la zone de contre-stimulation, la zone sur laquelle le contact est perçu comme neutre, confortable, voire agréable. À chaque séance on réévalue cette zone, on l'adapte et on la redéfinit en fonction de la régression, je l'espère, de l'allodynie.

L'ergothérapeute trace d'une main sûre une ligne qui part des omoplates, continue sur la nuque, passe sous les aisselles, remonte sur les salières, creusées depuis que Ninon a perdu l'appétit et le sommeil, descend sur le torse. Puis il entoure les poignets, à la base de la paume – deux traits qui isolent les mains du reste du corps. Je vais commencer.

Pendant un quart d'heure il frotte délicatement le dos, le cou, les mains et les doigts, les deux côtés du buste, mouvements légers et concentriques, comme s'il nettoyait une tache superficielle, un polissage subtil de la peau. Le contact de la fourrure chatouille d'abord Ninon puis se fait plus doux ; elle s'inquiète cependant que l'ergothérapeute dérape, s'aventure au-delà de la ligne, pour voir, pour tester, ou même qu'il la franchisse involontairement, elle se raidit, il la rassure, Ninon se détend, par la grâce d'une réconciliation momentanée avec son corps, un flash de chaleur, ce corps meurtri dont elle avait oublié qu'il pouvait être pacifique, hospitalier, qu'il pouvait encore fabriquer des sensations heureuses. Sa peau frémit, rosit sous la caresse bienveillante de l'ergothérapeute, et son esprit en feu se calme lui aussi, les idées se décrispent, ça décélère.

Alors, qu'est-ce que vous sentez ? agréable ? désagréable ? si je m'approche à la frontière de la zone rouge, n'ayez pas peur, est-ce que la sensation est modifiée ? pas du tout ?

Par quel obscur dérèglement la peau de Ninon est-elle douloureuse sur les épaules mais pas sur la nuque, sur l'avant-bras mais pas sur le poignet, par quel mystère la douleur s'arrête-t-elle exactement à la frontière tracée par le thérapeute, comment expliquer que le découpage du territoire allodynique soit si tranché, si net, sans zones floues, poreuses, mouvantes ?

Les premières séances nous resterons sur la zone verte mais l'objectif est d'agrandir peu à peu cette zone, de gagner du terrain sur la zone rouge. Sur cette zone douloureuse je commencerai, quand il sera temps, par intervenir non par frottement mais par effleurement, par tact plutôt que par contact, l'effet d'une plume qui se déposerait un millième de seconde sur votre peau avant de redécoller, pas plus que ça. C'est comme passer furtivement la main au-dessus d'une flamme, vous touchez le feu et pas, vous le touchez sans avoir le temps d'être brûlée, un geste esquissé, une rencontre furtive. On est d'accord ? Avec ce morceau de fourrure je vous toucherai moins d'un instant, vous n'aurez même pas le temps d'avoir mal, c'est un travail de précision et de légèreté.

Une thérapie qui joue moins sur l'espace – la surface du corps – que sur le temps – une durée infime, une douleur qui passe sous le seuil de la perception en passant sous le seuil du temps mesurable, du temps saisissable par l'esprit humain.

Vous allez me frôler à la vitesse de la lumière et je guérirai ?

Alors que l'ergothérapeute, concentré, sérieux de nouveau, continue de caresser, frotter, lustrer, Ninon, pour se donner une contenance, combler un silence embarrassant, entreprend de l'interroger sur le fonctionnement du toucher.

Les cellules du toucher se nomment les cellules de Merkel, elles sont localisées à la surface, on les trouve en nombre dans la peau des lèvres, des bras, du visage, et surtout des paumes et des plantes de pied. Elles jouent le rôle de récepteur sensoriel, enregistrent les moindres vibrations à l'intérieur de l'épiderme et les transmettent à des terminaisons nerveuses. Quand vous frottez votre doigt contre un mur par exemple, vous recevez des vibrations de contact qui sont enregistrées et transmises au cerveau.

Les cellules de Merkel ont-elles exagérément proliféré chez Ninon ? Ont-elles massivement migré, se sont-elles rapatriées et concentrées sur les bras, désertant toutes les autres régions de son corps ?

Ou Ninon est-elle privée de la kératine qui permet à la peau d'endurer étirements, pressions et frottements, qui permet de résister aux assauts du monde extérieur ? Peut-être a-t-elle perdu la faculté gore-tex, cette propriété imperméable qui empêche les substances chimiques de pénétrer tout en laissant les fluides de l'organisme s'évaporer ?

La séance achevée Ninon se rhabille, la douleur est bien là au contact des vêtements, qui entame aussitôt le peu de réconfort et de douceur gagné sur le mal, mais elle tente d'en conserver intact le souvenir. Le thérapeute lui offre, plié dans un sachet en papier, le carré de lapin utilisé pour la soigner, invite Ninon à continuer l'exercice chez elle, à stimuler la zone verte, six à huit fois par jour, pendant une minute environ – l'important est de le faire souvent plutôt que longtemps, d'être régulière, assidue, ce n'est pas la durée qui compte mais la fréquence. Ninon prend le sachet froissé qui contient donc un talisman aux vertus protectrices, promet de s'y mettre le soir même et de revenir dans dix jours pour évaluer les progrès accomplis.

Si nous n'obtenons pas de bons résultats avec la peau de lapin, nous essaierons alors la contre-stimulation vibrotactile avec cet appareil qu'on appelle un Vibralgic, c'est un générateur de vibrations transcutanées, ça fonctionne sur le même principe de stimulation, je passe la sonde sur la zone à traiter et on rééduque peu à peu.

La tribologie, science des frottements, qui étudie les vibrations et autres phénomènes liés au contact entre des entités matérielles, ne guérira pas Ninon. La technique de rééducation sensitive par peau de lapin échouera malgré l'assiduité de Ninon, de même que les multiples séances de Vibralgic chez l'ergothérapeute – dont la puissance de séduction faiblira au même rythme que l'espoir de guérison, semaine après semaine. La zone rouge ne se réduira pas d'un centimètre, la frontière demeurera infranchissable. Il faudra donc envisager des solutions plus radicales, consulter d'autres médecins, essayer d'autres traitements, chercher encore car même si on s'habitue, un peu, à la douleur – et s'y habituer est une mauvaise chose qui démobilise, désarme – son intensité ne faiblit pas, ses capacités de nuisance non plus : fatigue, noirceur et solitude.

Un chapitre du grand récit maternel mentionne, en marge, quelques cas criminels plutôt que pathologiques, au sens où ils figurent dans des rapports de police ; et ces affaires-là ont ceci de particulier qu'elles concernent les hommes, témoignent d'une autre sorte de déviance. Comme si, au contact de la part virile de la famille, la vulnérabilité biologique avait vrillé pour se métamorphoser en vulnérabilité sociale. C'est du moins l'hypothèse formulée par la mère de Ninon, qui jamais ne s'est résolue à nommer simplement malchance ce destin familial, désignation qui autoriserait à s'en remettre un peu au matérialisme résigné de la fatalité – mais ce serait certainement déchoir, une famille frappée de malchance ne jouissant pas du même prestige que celle contaminée par un mal mystérieux et développant des chromosomes mutants.

Pour le plus grand bonheur d'Esther Moise, il y eut donc en 1925 un ancêtre nommé Hubert Lamousse, propriétaire d'une maison de tolérance au 18 rue Pasquier à Paris, condamné pour avoir organisé un réseau de prostitution vers l'Amérique latine ; puis son fils de quatorze ans, surnommé Tête d'Or, quelques mois plus tard emprisonné à la Petite Roquette pour des vols à la tire et des actes de maltraitance animale – Tête d'Or et ses copains des rues ayant l'habitude de crever les yeux des animaux du Jardin des Plantes à l'aide de lance-pierres.

Ces deux-là donc, Tête d'Or et son père, furent apparemment en parfaite santé mais introduisirent l'anarchie dans leur existence d'une autre manière, qu'on jugera ou non plus flamboyante.

Cette affaire d'hommes désobéissants plut à la petite Ninon tout autant que les histoires de femmes délirantes, et à la rigueur pourquoi pas se dit l'enfant à la cervelle affûtée, c'est de ce genre de travers que je préférerais hériter, de ce goût pour la délinquance – devenir Calamity Jane plutôt que de voir son corps dysfonctionner, victime d'une énième confusion métabolique.

Ainsi, le soir où elle entendit cette histoire pour la première fois, Ninon pensa qu'elle aurait préféré être un garçon, mais n'en dit rien, soucieuse de ne pas contrarier sa mère. Et c'est finalement le jour où elle apprit que des hommes de la famille avaient eux aussi été touchés par la disgrâce qu'elle mesura l'ampleur de la malédiction, celle d'être née fille : hasard hormonal, injustice génétique.

La douleur, farouche et implacable, fait son nid, et puisque cela dure Ninon décide d'interrompre la succession des arrêts maladie, de quitter le confinement de sa chambre, de reprendre une fois encore une vie normale, du moins une part de cette vie, ou un semblant, de reprendre quelque chose qui s'inscrive dans la continuité de l'existence menée jusque-là, jusqu'à la catastrophe.

Une vie normale se convainc-t-on car il est normal de tomber malade si l'on est vivant, c'est même la preuve de la vie tout autant que son péril, et puisque la maladie s'attarde dans la vie de Ninon, y creuse son terrier, installe son étrangeté, fragmente ce pauvre corps adolescent, puisque ce symptôme allodynique est un esprit malin qui tente de la priver de son autonomie, de la déloger de son propre corps et de prendre toute la place disponible, il faut bien opposer une forme de résistance.

Elle décide de reprendre les cours, le plus possible, se faisant seulement dispenser de sport, et de vivre en flux continu avec la douleur, celle que provoque la multitude des contacts quotidiens et involontaires, ces minuscules frottements qui passent d'ordinaire inaperçus, noyés dans l'activité, les déplacements incessants, et désormais saillants, des coups de couteau ; Ninon encaisse, serre les dents, dont l'émail, à force, se désagrège en particules invisibles.

Elle est retournée au lycée munie d'un certificat médical de circonstance, aux termes vagues et légèrement anxiogènes, qui témoignent d'une pathologie fatigante exigeant quelques aménagements. Elle prétexte des maux neurologiques complexes pour justifier ses absences et son air las, ne voit pas comment cette affaire d'allodynie pourrait être prise au sérieux, n'a pas l'énergie d'expliquer, d'affronter les mines désolées ou perplexes, atterrées ou suspicieuses, les qu'est-ce que c'est que ce truc, oh ma pauvre quelle horreur, le moindre effort supplémentaire, celui de la parole qu'on déplie, de l'échange, des réponses aux questions, des remerciements aux sollicitudes, lui semble inenvisageable tant la fatigue l'écrase.

Ses résultats scolaires faiblissent mais les enseignants la laissent en paix, ne cherchent pas à en savoir davantage sur cette élève signalée comme particulière mais discrète et disciplinée, et elle devrait avoir son bac ; Ninon lit toujours beaucoup, ne sort jamais, concentrée sur l'effort produit pour venir quasiment chaque jour en cours, elle économise ses forces, ne participe pas aux conversations, ne peut plus tenir un banc des heures durant avec canettes et paquets de chips à pavoiser et déconner, alors les amis s'éloignent, elle les tient à distance, sans tristesse car anesthésiée, flux émotionnel interrompu, coupure générale des sentiments, tout est éteint sauf ses bras hypersensibles.

Ses trois meilleures amies n'ont pas facilement renoncé, contrariées, vexées même, par le comportement étrange et fuyant de Ninon. Elles ont multiplié les messages inquiets, pressants, sont venues en groupe sonner rue des Dames mais personne n'a ouvert, et l'ont finalement convoquée au café pour une explication – la table du fond réservée aux heures les plus graves de leur amitié, le cappuccino-chantilly des grandes occasions, les yeux dans les yeux, les têtes légèrement penchées, le ton inquisiteur, t'as changé, on est inquiètes pour toi Ninon, tu nous caches quelque chose, c'est une histoire de mec ? Elles insistent, pleines de compassion et de curiosité vorace, se heurtent aux dénégations, aux réponses évasives sur sa maladie, puis au silence buté de Ninon, qui perd patience – vous ne pouvez rien pour moi, c'est comme ça, lâchez l'affaire –, indifférente aux airs empathiques, suspicieux, puis outrés de ses copines, repoussant leurs mains affectueuses posées avec autorité sur son avant-bras, et finalement les plantant là, les laissant échafauder entre elles les pires hypothèses psychologiques et s'entendre sur l'arrogance et la bizarrerie définitive de leur amie.

Elle a maigri, de cinquante-cinq à quarante-huit kilos, silhouette plus osseuse, perdu deux centimètres, ses longs cheveux châtains réunis en un chignon ont terni, ses joues creusées forment deux ombres de part et d'autre du visage, elle a les yeux bouffis et fendus des insomniaques, dix ans de plus, une allure empêchée, des chemises et pulls légers, amples, informes, qui pèsent moins sur la peau – et Ninon a appris à ne pas être frileuse, vêtue d'une simple tunique de lin quand il fait à peine dix degrés –, un sac de toile qui pendouille à la main à la place de sa besace, bonnet et écharpe pour se dissimuler, tout semble dire je n'existe plus, regard collé au bitume, pas traînant, épaules voûtées, air désabusé.

Face à sa mère, elle fait des efforts, tâche d'être plus affable, plus attentive, d'échanger quelques mots, sur les aspects pratiques du quotidien – repas, lessive, programme télé –, ne saurait plus très bien dire si elle lui en veut ou non mais constate une insensibilité affective grandissante à mesure que sa sensibilité dermatologique s'est emballée, se sent prise de raison froide quand son corps devient fou.

Un soir Ninon accepte de sortir pour revoir *Citizen Kane* dans le cinéma de sa mère puis, de mauvaise grâce, de dîner dans un restaurant chinois de la rue des Écoles, et cela se passe mal ; Esther, dispersée, embarrassée, rit exagérément aux mauvaises blagues du serveur, renvoie un plat en cuisine, interpelle un vieil habitué, tandis que Ninon cache difficilement sa gêne puis sa honte, ne touche pas à son assiette, tripote son téléphone – qui a cessé d'être un outil de communication mais permet encore de s'abstraire des situations – et s'abîme dans la contemplation de l'aquarium, anémones phosphorescentes et poissons-clowns.

Ninon ne veut plus qu'on la sollicite, qu'on la dérange, veut faire sa vie, sa vie déréglée et solitaire, et Esther n'insiste pas, se réfugiant dans la même opacité, le même détournement de l'essentiel, le même jeu, un aveuglement, on n'en parle plus, presque plus, de moins en moins, cela existe à peine quand cela devrait être au centre, elle aussi finit par étouffer son inquiétude, sa culpabilité, l'agitation et le flou de ses sentiments, sa curiosité trouble, par ravaler sa frustration de ne plus pouvoir écrire sereinement l'histoire familiale, espérant qu'une fois les choses rentrées dans l'ordre – la guérison de Ninon ou l'assentiment à son infirmité – elle pourra recueillir le témoignage de sa fille et ajouter un chapitre au grimoire, passer enfin du récit de son ascendance à celui de sa descendance ; car pour Esther

Moise l'interruption de la transmission serait un échec. Résignée, démunie, elle compte plus que jamais sur l'œuvre du temps qui passe, et dans l'attente poursuit sa vie nocturne de projectionniste et les virées dans les cafés tardifs, malgré ce clapotis permanent au fond de la tête, un petit étang noir et visqueux.

L'existence de Ninon est désormais scindée en deux blocs équivalents, le premier consacré à sa vie de lycéenne, une moitié occupée par le petit théâtre des études et l'enchaînement des cours, séquences pendant lesquelles elle tâche à grand-peine de se tenir à distance, isolant des fragments d'indifférence, de dédain quand c'est possible, se concentrant sur la parole professorale, maîtrisant sa pensée aimantée par la douleur ; l'autre moitié étant consacrée à la recherche du soulagement, de la guérison, à l'enchaînement de consultations et de thérapies, à dompter l'animal fou en elle.

Mais toutes les tentatives médicales restent vaines, sans effet aucun, et à chaque nouveau traitement, à chaque nouveau rendez-vous dans des cabinets aux odeurs de chlore et de gel hydroalcoolique, parfois de tabac froid, de chat roulé sous le fauteuil du médecin, de cire pour parquet ou de skaï neuf, Ninon ressasse le même chagrin : quelque chose de pourri, de déglingué est tapi dans ses entrailles et ne se décide pas à sortir, à dire son nom, à migrer ailleurs, vers une autre victime, quelque chose qui œuvre à défaire la joie de vivre et l'insouciance prométhéenne de la jeunesse.

La liste des médecins que consulte Ninon au fil des semaines, et bientôt au fil des mois, s'allonge jusqu'à constituer une sorte d'inventaire surréaliste, un recueil de toutes les spécialités possibles, des plus sérieuses et pointues aux plus expérimentales, une série d'hypothèses thérapeutiques hasardeuses et de traitements reconnus mais décidément inefficaces sur Ninon, un annuaire de dermatologues, neurologues, ostéopathes, acupuncteurs, kinésithérapeutes, gastroentérologues, masseurs, mésothérapeutes, hypnotiseurs, allergologues et homéopathes, dont la profusion finit par alerter la caisse d'assurance maladie qui fait part de ses soupçons à la mère de Ninon par lettre recommandée – lettre qui restera sans réponse, Esther Moise soutenant sans états d'âme sa fille dans cette épopée médicale.

Il y eut un charlatan qui proposa une greffe de peau de cochon, dont la structure, rappela-t-il, est proche de celle des humains.

Il y eut un grand professeur aux cils de biche qui disserta avec beaucoup d'amabilité sur l'avantage d'être malade : être touché par une maladie prémunit de toutes les autres car on ne peut pas être malade de deux maladies en même temps. Nous avons tous un double pathologique, il prend de multiples formes au cours des âges, mais il s'agit toujours de la même maladie, on ne peut pas l'éviter, on peut seulement la différer un peu, l'amoindrir, la voir venir pour en atténuer le choc. Votre allodynie est le messager de votre double pathologique.

Il y eut une dermatologue consultant dans une chambre de bonne tapissée de rideaux mauves et embaumée de bâtons d'encens, qui affirma que les tempéraments sanguins prédisposent aux affections érythémateuses, les tempéraments bilieux aux productions pustuleuses, les tempéraments lymphatiques aux maladies bulleuses et les tempéraments nerveux aux éruptions sèches et au prurigo.

Il y eut finalement peu d'actes, peu de traitements, mais beaucoup de paroles d'autorité et de discours menaçants, dont celui d'un homéopathe persuadé que les individus sont toujours coupables de tomber malades, cédant à l'irrésistible tentation de se rendre souffrants. Ils attendent la bonne occasion pour provoquer la maladie, cherchant à éprouver leur résistance, à évaluer les ressources de leur organisme. Le mal est là, virtuellement, il plane, il attend au chaud, à l'abri, on le provoque, on le titille et hop il éclot, c'est la guerre.

Il y eut nombre de médecins qui traquèrent d'hypothétiques anomalies et dysfonctionnements partout dans son corps, hasardèrent de nouveaux diagnostics, tentèrent de découvrir des corrélations entre l'allodynie et d'autres symptômes, d'autres organes, de mettre au jour des liens entre l'hyperesthésie et une possible maladie cardiaque, ou des pathologies rhumatologiques insoupçonnées, des liaisons secrètes entre la peau des bras et les articulations, de déconstruire les ramifications de l'anatomie, de révéler de nouveaux chemins dans l'organisme.

Il y eut un neurogastroentérologue à la blouse amidonnée qui annonça que une fois de plus tout ça vient du cerveau, non pas celui, surestimé, qui loge en hauteur, mais celui du ventre, méprisé bien que premier, le système nerveux entérique et ses deux cents millions de neurones, qui part de l'estomac et s'élève vers la conscience. Il conseilla à Ninon de consommer davantage de lipides car ils diminuent le sentiment de tristesse : certains nutriments traversent la paroi de l'intestin, rejoignent le flux de la circulation sanguine, voguent ainsi jusqu'au cerveau, s'immiscent et font leur petit effet, agissent sur les humeurs – mangez gras, de l'huile, du beurre, du fromage, donnez-vous du cœur à l'ouvrage.

Il l'encouragea à mieux considérer sa vie biologique, à écouter plus attentivement les informations émises par le bas de son corps, lui assura que sa peau et son ventre sont indéfectiblement liés, et que le dérèglement nerveux à l'origine de son allodynie se situe certainement dans cette partie molle, grouillante, et centrale.

Il y eut un endocrinologue, à l'allure déprimée, qui écouta longuement Ninon puis jugea inutile de l'ausculter : soigner ne doit pas être systématique, n'est pas toujours une bonne idée, certaines maladies sont en réalité des défenses de l'organisme, elles évitent d'en avoir d'autres, plus graves, plus douloureuses. Il ne faut pas toucher à votre mal, on ne sait pas de quoi il vous prémunit.

Il y eut aussi une biopsie de peau, on préleva un petit fragment de quatre millimètres de diamètre à l'aide d'un trépan, une lame circulaire qui permet de carotter la peau, on plaça le fragment dans un flacon de formol qu'on envoya au labo pour analyse, et tout était normal – une belle peau élastique de jeune fille.

Il y eut un médecin, intrusif et dont le haut du front était couvert de dartres, exhalant une vague odeur de chou-fleur, qui chuchota son diagnostic à l'oreille de Ninon, comme une confidence honteuse : savez-vous que le vagin, les lèvres, l'anus sont des replis de la peau, l'entrée de petites grottes mystérieuses, des anfractuosités dans le paysage, et non des organes distincts comme on le croit souvent ? savez-vous que la peau n'est pas uniquement l'enveloppe corporelle, qu'elle est aussi cet ensemble d'orifices, qu'elle s'ouvre et s'invagine ?

Il somma Ninon de penser à ces orifices, à ce qu'ils signifient pour elle – le danger peut-être, le lieu de l'intrusion, de la contamination, vous êtes vierge mademoiselle ?

Il y eut une série de manipulations des os, des articulations et des nerfs, de l'hydrokinésithérapie dans une piscine municipale, de la fangothérapie, bains de boue aux effets antalgiques qui se révélèrent tout aussi douloureux que les bains aquatiques, de l'hypnose analgésique, et Ninon envisagea même, un jour de profond abattement, de recourir à une lobotomie sauvage, ou peut-être seulement des électrochocs, pour éliminer définitivement cette foutue perception de la douleur, éradiquer jusqu'à la sensation de ses deux membres en feu, obtenir une belle illusion d'amputation et transformer ses bras en fantômes de bras.

Il y eut nombre de solutions fantaisistes imaginées par Ninon pour berner son symptôme, des ruses et des feintes, comme la possibilité de s'inoculer une autre maladie, légère, aux symptômes plus supportables, moins handicapants, qui prendrait la place de l'allodynie, car si on ne peut pas souffrir de deux maux en même temps, l'un chasse l'autre c'est mécanique. Ninon envisagea une grippe permanente, un peu de diabète, un ulcère, une belle et vraie maladie, reconnaissable, indubitable ; devenir enfin une patiente sérieuse quand elle n'est aujourd'hui qu'une malade abusive, privée de manifestation organique.

Puis il y eut une pause – trop d'espoirs déçus et de promesses thérapeutiques non tenues. Lassée de cette carrière de malade, car c'est devenu une profession, à force, être malade, faire la malade, une activité à mi-temps, menée avec méthode et assiduité, Ninon décroche, prête à affronter ce qui pourrait advenir si elle faisait le choix de la passivité, du laisser-faire, l'option attentiste du ça finira bien par passer.

Sa vie macère toujours dans un entre-deux, un purgatoire où elle attend la rédemption, la résurrection des corps, sinon une condamnation définitive à cet enfer dont les flammes brûlent déjà sa peau, une zone floue entre le lycée et sa chambre, un âge incertain, Ninon se sent vieille comme les pierres, calcifiée, ballottée entre la douleur qui saisit et l'habitude qui soumet le mal, entre l'épuisement et un vertige anesthésiant, entre le chaud et le froid, conscience flottante et molle, telle une méduse, Ninon surnage, le monde est flou, ouateux, et son regard à la fois myope et acide, tout est ralenti, empêtré, comme dans ces rêves où l'on voudrait crier mais aucun son ne sort, où l'on voudrait courir mais nos jambes sont coulées dans le béton – voilà l'état de Ninon, un sentiment progressif d'irréalité.

Dans l'attente, pour tenir, il faut trouver chaque jour des solutions, des accommodements, des divertissements afin d'oublier un peu, d'éloigner la brûlure. Il y a l'alcool, toujours de la vodka au frais chez les Moise mère et fille, il y a les pétards d'herbe pure que sa mère lui achète en petite quantité en rentrant du cinéma, et tout cela apaise Ninon pour un temps – se saouler à petites gorgées, se défoncer tranquillement, à l'abri dans sa chambre, s'abrutir, une douce abstraction de soi, des shoots de plaisir parfois, les muscles qui se détendent, les paupières mi-closes, la bouche farineuse, Ninon lâche prise, miracle momentané, le cœur se dilate, ce cœur racorni à force d'inquiétude, les fibres s'étirent, les côtes s'ouvrent et s'assouplissent, une brume rose de crépuscule tapisse le fond de son crâne, Ninon devient de plomb et de plumes, s'abandonne enfin à d'autres perceptions que celles de sa peau lacérée de plaies invisibles, se laisse dériver dans l'entrelacs de ses organes, ça monte et ça descend sous l'effet de l'alcool et de l'herbe, son ventre, ses jambes lourdes, sa tête qui part en arrière, la peau de son visage qui se défroisse, le bout de ses doigts qui mollit, le bas de son dos qui s'affaisse.

Mais ces moments de répit et de divagation ont toujours un prix, une face maléfique, provoquant quelques heures plus tard de violentes migraines, des nausées harcelantes, qui viennent ajouter à la peine et au mal, et la gueule de bois accentue encore l'hypersensibilité de la peau, augmente le voltage, ravive les braises.

Ce pourquoi Ninon ne s'autorise que rarement ces embardées, tout comme elle n'abuse pas des somnifères qui la plongent dans un sommeil désirable, continu, noir pétrole et sans rêves, mais provoquent des réveils difficiles – il faut remonter péniblement à la surface, cela peut prendre des heures pour s'extraire des sables mouvants, se débarrasser de l'âne mort qui pèse sur les épaules.

Il reste alors toujours la musique, moins efficace que l'alcool ou l'herbe mais sans effets secondaires, sans contrepartie, la musique consolatrice, un refuge depuis le début, cataplasme sur la peau en application quotidienne. La musique, qui avait été un langage quand les mots faisaient défaut, ramenée à ses vertus primitives, cathartiques, son pouvoir de possession, la musique comme une purge, une saignée par laquelle on fait s'écouler la fièvre et le poison.

Ninon tire les rideaux en plein jour, ferme la porte à clé, pieds nus sur la moquette, volume au maximum, pousse les basses, ça pulse dans la poitrine, reconfigure les circuits nerveux, opère de nouveaux branchements, déroute la souffrance, la colère, et souvent les larmes.

Dans son téléphone pluggé sur une enceinte, Shaka Ponk, Eminem, DJ Zebra, Keny Arkana, Klanguage, The Weeknd, Psiko, et aussi *Diamonds* et tous les tubes de Rihanna. Ninon alterne boucles et samples entêtants de rap, hardcore et punk, pop américaine, pas de chanson française, pas de salsa ni de jazz, un peu d'opéra allemand, il faut que ça cogne, que ça saoule, que ça syncope, il faut faire se lever la houle, Ninon colle son oreille au baffle, la pièce vibre, sa chambre est une fusée qui va décoller, elle implore la musique de la trépaner, elle s'époumone, danse spasmodique, une chorégraphie désarticulée et expiatoire, pourvu qu'elle s'épuise, Ninon le poing levé manifeste toute seule dans sa chambre et demande réparation à la musique.

Pour que le contrepoison de la musique soit plus efficace encore, concentré, injecté à haute dose, il faudrait à Ninon de la musique live.

Elle rêve de salles de concert, d'arrière-salles de bars où l'on joue acoustique, de se mettre au premier rang, fermer les yeux, distinguer encore derrière la frêle paroi des paupières le halo clignotant des lumières rouges et vertes, les pulsations du stroboscope accordées à la batterie et aux boum-boum de son cœur réjoui, sentir la chaleur humide des corps agglomérés, hurler à la gloire du chanteur, ruisseler, s'enflammer, se sentir soulevée par la foule, chalouper et pogoter, elle imagine les murs qui suintent et le parfum des sueurs mêlées, des bières renversées, des haleines fumées. Sur son lit, insomniaque, elle rêve comme une affamée de ces nuits de fête.

Elle voulut tenter le coup un soir, seule, dans une grande cave voûtée du côté de Bastille, qui programme de l'électro jusqu'à deux heures du matin, et regretta aussitôt : perdue dans la masse compacte et déchaînée des danseurs, en proie à l'insupportable brûlure provoquée par la contiguïté permanente de ses bras et de la foule, aux mouvements brusques et incontrôlables, aux trajectoires imprévisibles, Ninon est une boule de flipper projetée contre des bumpers en feu, et même l'envoûtante musique en devient douloureuse. Elle se replie rapidement au comptoir, bondé lui aussi, encombré de buveurs de cocktails, tente en vain de commander un shot de vodka-caramel, d'une voix inaudible, pour finir en larmes et se précipiter hors du bar, furieuse et honteuse, condamnée à réintégrer son périmètre de sécurité, son espace de contention.

Après la vodka, l'herbe, la musique, Ninon, cherchant toujours des leurres et des dérivatifs, trouve une nouvelle manière de tenir tranquille son mal, de l'ensevelir, ou de le parasiter : se faire souffrir, ailleurs, systématiser le recours à la douleur.

Blesser méthodiquement toutes les autres parties de son corps pour éteindre la douleur de ses bras, faire saillir des organes oubliés pour qu'ils prennent l'ascendant, faire circuler la souffrance au gré de sa volonté, s'infliger le mal en ricanant. Cela commence avec des scarifications au canif sur les cuisses, les mollets, le ventre, des incisions franches, puis Ninon se brûle la pulpe des doigts sur la flamme d'une bougie, les écrase entre la porte et le chambranle, et comme cela ne suffit pas il y a des coups de tête dans le mur, de larges hématomes sur le front, des torsions exagérées des membres et des positions contre nature jusqu'à la crampe, et ainsi pendant des jours, à en vomir.

Un petit théâtre de la souffrance qui finit par lasser Ninon, répugner à son intelligence, lui renvoie l'image peu glorieuse de l'ado narcissique mal dans sa peau qui veut attirer l'attention, se trouvant finalement grotesque, ne s'aimant plus dans ce rôle.

Car Ninon dans cette épreuve a perdu toute indulgence, bien trop épuisée pour tolérer quoi que ce soit qui lui semble médiocre, à commencer par ses mises en scène maso. Ses jugements sont devenus hâtifs et sans nuance, elle abhorre sa mère, ses amis, les médecins, l'ensemble de ses contemporains, s'y incluant. Tout l'agace, le commentaire connivent d'un chroniqueur à la radio, une question anodine de sa mère sur le menu du dîner, une cliente qui compte sa monnaie au comptoir de la boulangerie, un enfant qui chantonne dans la rue, et surtout ses propres pensées, négatives, suspicieuses, sa propre impatience, sa mauvaise humeur qui tourne en boucle – voilà l'état déplorable dans lequel s'est mise Ninon au bout de cinq mois de souffrance maintenant.

Ninon, acculée par la douleur autant que par son irascibilité, reprend alors, c'est sans fin, la folle ronde des médecins.

Elle arpente de nouveau avec méthode et systématisme l'ensemble du corps médical et des spécialités, une fois encore prend tous les avis, en quête d'une explication, d'un traitement, cachets ou incantations peu importe, Ninon implore la science de faire son travail de mise en ordre de la réalité, la sienne étant sens dessus dessous, renversée cul par-dessus tête.

Cette nouvelle saison de l'épopée médicale l'amène à consulter un acupuncteur, recommandé par un ancien amant de sa mère : sorte de druide chinois ou de vieux sage dans un film de kung-fu, barbe et cheveux filasses, légèrement bossu, inaudible et lent, il a l'air d'avoir un siècle, doigts recroquevillés aux articulations noueuses, paumes parcheminées, de sorte que Ninon se demande s'il parviendra même à tenir les aiguilles, à les disposer sans dommage sur son corps.

Comme à son habitude elle scanne les lieux d'un regard, pourrait maintenant établir une typologie exhaustive des cabinets médicaux, salles d'attente branchées sur FIP, couleurs ternes des murs, bureaux plus ou moins imposants encombrés de paperasses et de dossiers médicaux ou vierges de tout indice, photos de famille encadrées ou talisman, tableaux criards, parquet ou jonc de mer, fauteuil pivotant, à bascule, ergonomique ou en simili-cuir, dernier modèle Apple, terminal de carte vitale ou feuille de soins, matou qui dort sous un siège ou odeur de désinfectant.

Le cabinet de l'acupuncteur est particulièrement décati, la moquette est élimée et tachée, les voilages aux fenêtres ont jauni, la peinture des moulures s'écaille, le chauffage est poussé à fond et accuse une forte odeur de camphre. Ninon expose pour la énième fois son cas, le vieux sage semble acquiescer, émet une série de grognements au milieu desquels flottent quelques mots – peau, centre, os.

La scène amuse Ninon et en réalité seuls les médecins parviennent encore à la divertir, à capter son attention ; sous leurs yeux, leurs mains, leurs instruments, elle prend forme et consistance, décomposée et recomposée par la succession des discours, reconstituée information après information, diagnostic après diagnostic, examen après examen, couche après couche, brique après brique. Même les échecs successifs, les faux espoirs et les désillusions, même les médecins jugés incompétents, antipathiques ou intrusifs prennent place dans ce grand mouvement – l'édification médicale de Ninon Moise.

Loin de lui déplaire, l'objectivation scientifique de son existence la rassure, elle se sent à sa place entre les pattes de la médecine, elle aime être envisagée comme un ensemble de signes à décrypter, réduite à un symptôme, une mécanique corporelle, elle prête son corps à la science, sa vie à une réalité biologique qui la dépasse, elle se soumet sans broncher à la discipline des examens, docile objet de dépistage.

Malgré l'élocution enterrée et déformée du vieux sage chinois, Ninon comprend qu'il est temps de se déshabiller : je vais placer les aiguilles le long de votre colonne vertébrale car vos vertèbres sont comme autant de petits crânes reliés entre eux, et la moelle osseuse est une guirlande de petits cerveaux.

Ninon s'allonge, l'acupuncteur plante huit fines aiguilles métalliques intradermiques, huit piqûres sèches et superficielles le long de la colonne vertébrale, si infimes qu'elles produisent une excitation invisible, maintenue sous le seuil de douleur, des influx aussi délicats que les pas d'un insecte, puis il recouvre le bas du corps de Ninon d'une fine couverture et annonce : douze minutes comme ça mademoiselle. Douze minutes pendant lesquelles les aiguilles vont déclencher la libération de médiateurs neuro-hormonaux, réveiller les cellules de la peau, si nombreuses que la plus subtile stimulation peut produire d'extraordinaires effets sédatifs.

Il ajoute, toujours dans un français approximatif et sourd : la peau n'est pas un manteau mais un centre, et plisse les yeux d'un air entendu.

L'acupuncture étant cette pratique qui plus que toute autre prend très au sérieux la peau – la peau réceptacle de la science et vers laquelle convergent les organes –, tous les espoirs sont donc permis.

Ninon retournera quatre fois chez l'acupuncteur : deux autres séances traditionnelles puis une séance d'ignipuncture avec des aiguilles chauffées et enfin une séance associant aiguilles et plantes – le druide approche à quelques millimètres de la zone à traiter un petit cône de feuilles d'armoise incandescent pour chauffer la peau.

Ninon reste désespérément rétive aux soins, à toute analyse, à toute considération, et l'échec de l'acupuncture, des médecines les plus dures comme les plus douces, la conforte dans son désir d'envisager des thérapies moins orthodoxes, de tester des traitements confidentiels, plus inattendus, fantaisistes jugeront certains, de chercher des alternatives dans les interstices de la médecine – avec la bénédiction de sa mère, qui n'aime rien tant que s'aventurer aux franges du raisonnable, et signe, malgré son modeste salaire de projectionniste, tous les chèques en blanc que lui réclame sa fille.

C'est une cure d'air, une cure de suroxygénation en Suisse, qui attire l'attention de Ninon : respirer un air pur et cristallin que rien n'aura souillé, se purger de tout ce qui l'encombre, exposer sa peau aux bienfaits de l'altitude ; et si elle ne guérit pas elle se reposera.

C'est en traînant sur Internet, occupée à taper machinalement des séries de mots sur Google – dont « guérir » – pour tuer le temps, espérant peut-être un miracle, que Ninon est dirigée vers le site d'une clinique-hôtel dans les Alpes vaudoises. Sur la page d'accueil une photo de cimes enneigées, un texte de présentation qui parle de sang débarrassé de son carbone, d'aérothérapie et d'oxygénothérapie, de chimie de l'atmosphère pour lutter contre la polyglobulie, de médecine régénérative, qui promet de rétablir les équilibres du corps, d'éradiquer les dysfonctionnements et troubles nerveux, d'apaiser et de revigorer ; et Ninon, peut-être sensible aux relents moraux d'une telle entreprise de revitalisation, goûte la perspective d'un repos loin du monde, l'imaginaire nostalgique qu'il convoque – carte postale de sanatorium entre deux guerres, alignement de transats sur une terrasse en tek face au Mont-Blanc, patients souffreteux et milliardaires ou jeunes épouses tuberculeuses en convalescence, neurasthénies en tout genre et maladies de poitrine, infusions d'edelweiss et de miel, romans aux couvertures épaisses à portée de main, larges baies vitrées et salle à manger baignée de lumière.

Ninon veut essayer, peut-être que la plus simple, la plus inattendue, la plus risible des expériences se révélera la plus efficace, Ninon veut se changer les idées, aller voir ailleurs, quitter l'appartement et sa mère, cultiver sa solitude. Esther Moise entame alors son livret développement durable pour régler les trois mille euros de la cure.

Dans le train qui l'emmène vers la Suisse, elle se souvient de ce médecin qui avait suspecté une phobie du contact, se demande si on peut souffrir d'une névrose de la contamination, et si loin de l'atmosphère infestée et pathogène de Paris elle recouvrera la santé, si réfugiée sur les pentes préservées et désertes des montagnes sa peau s'apaisera, délivrée de la menace et des toxines.

On l'installe dans une petite chambre avec vue, mobilier danois en bois clair, murs vert amande, salle de bains privative, infirmières élancées. Les repas lui seront servis dans sa chambre ou dans la salle à manger à sa convenance, elle aura accès à une salle audiovisuelle, une salle de jeux et de lecture, un solarium, un sauna ; dans le programme à la carte elle choisit la randonnée en peaux de phoques avec un guide de haute montagne – il faudra supporter les couches de vêtements qui brûleront sa peau mais elle compte sur le splendide panorama et la dépense physique pour compenser la douleur –, les séances de luminothérapie et le traitement par enveloppement humide, le pack, qu'on lui a tout particulièrement recommandé pour calmer son allodynie.

Les deux premiers jours de la cure sont consacrés au repos et au grand air dont elle se gave à s'en faire éclater les poumons, et c'est sceptique mais anxieuse que le troisième jour Ninon se présente au médecin chargé de l'empaqueter dans un suaire mouillé.

La pièce est chaleureuse, lumière tamisée et parquet, on demande à Ninon de se déshabiller derrière un paravent puis de se tenir debout au centre de la pièce, bras et jambes légèrement écartés – absolument nue, et sans gêne aucune, sous le regard du médecin.

Deux aides-soignantes apparaissent au fond de la pièce, munies de seaux, s'approchent en silence, s'emploient sans attendre à envelopper Ninon de linges humides et froids : elles enserrent d'abord les jambes, le ventre, les fesses, la poitrine, puis les bras, l'intégralité du corps tête exceptée.

Le contact des bandes humides sur ses bras réveille brutalement la douleur, puis le froid saisit peu à peu son corps. Ninon transformée en momie grelotte, toujours debout au milieu de la pièce, sans que personne lui adresse la parole, lui explique l'objet de la manipulation – les aides-soignantes ont reculé de quelques pas –, elle claque des dents, respire fort, commence à paniquer, demande de l'aide d'une voix faiblarde, est aussitôt enveloppée dans une couverture, puis on monte le chauffage, on allonge Ninon sur un lit derrière un autre paravent, et on s'installe à son chevet, les deux aides-soignantes et le médecin : vous devez rester couchée ainsi pendant quarante-cinq minutes, en bougeant le moins possible c'est important, sentez-vous libre d'exprimer tout ce qui vous passe par la tête, la moindre de vos sensations, agréables comme désagréables, mais si cela devenait vraiment insupportable n'attendez pas pour nous le signaler. Ninon acquiesce du regard, étourdie, frissonnante, se colle les yeux au plafond, attend, les aides-soignantes viennent la toucher à intervalles réguliers, posent délicatement leurs mains en différents lieux de son corps, Ninon silencieuse tente de faire décélérer son angoisse, de repousser cette sensation glaciale, tétanisante, même ses os lui semblent gelés, prêts à se briser comme du cristal, elle voudrait crier, fuir, reste paralysée.

Mais au bout d'un quart d'heure le malaise se dissipe comme par miracle et fait place, petit à petit, à une sensation inattendue et ascensionnelle de bien-être ; Ninon est sereine maintenant, ses bras anesthésiés, la température de son corps lui paraît idéale et elle passe les trente dernières minutes de l'enveloppement détendue, les yeux fermés, savourant l'extraordinaire sentiment de puissance.

Une fois rhabillée, le médecin répond aux questions toujours pressantes de Ninon qui, comme à chaque consultation, veut comprendre, obtenir le maximum d'explications, évaluer les chances de guérison : le pack provoque chez le patient la sensation d'une double enveloppe corporelle, une enveloppe thermique, d'abord froide quand on vous applique les bandes humides, puis chaude sous l'effet de la vasodilatation réactionnelle au contact du froid, et une enveloppe tactile produite par les linges serrés et mouillés qui collent à votre peau. On utilise souvent l'enveloppement pour traiter des enfants psychotiques ou sourds et aveugles avec lesquels on ne peut envisager qu'une communication tactile ; le pack leur offre une enveloppe de secours qui remplace, le temps de ces quarante-cinq minutes de cure, leur enveloppe pathologique, en crise. Ainsi immobilisés, entourés, rassemblés, ils se calment enfin. Nous avons utilisé ce même procédé avec vous, nous avons remplacé la peau douloureuse de vos bras par une nouvelle peau, une double peau même, celle de la température modifiée de votre corps et celle des linges qui vous enserrent, une peau saine et vierge. Malheureusement la disparition du symptôme ne dure que le temps de l'enveloppement, le pack soulage mais ne guérit pas.

C'est pour Ninon une nouvelle déconvenue que tempère la perspective d'apaisements furtifs – dans les moments de crise aiguë et de désespoir elle pourra toujours se mettre en quête d'un médecin envelopppeur à Paris qui lui offrira quarante-cinq minutes de répit.

Elle finit paisiblement son séjour – marches en montagne avec de riches retraités et des guides polyglottes et bronzés, repas légers faits de légumes vapeur et viande blanche, lecture en terrasse, sauna et hammam pour jouir d'une nudité apaisante, et nouvelle séance de pack – sans constater de changements majeurs dans son corps ; et c'est dans un état d'esprit mitigé qu'elle rentre à Paris, la peau toujours à vif mais reposée par cette cure d'oxygène en altitude, et pour une fois sa mère lui trouve meilleure mine.

Le récit familial fait état de plusieurs pathologies dermatologiques à travers les âges, dont le cas de Bernadette Millot vers 1840, lingère atteinte d'un formidable et inexplicable lupus érythémateux qui avait envahi l'intégralité de son corps.

L'histoire frappa d'autant plus la petite Ninon que sa mère possédait une pièce à conviction : le compte rendu de diagnostic de Bernadette, conservé dans le dossier familial scrupuleusement tenu par Esther Moise après des recherches aux archives de l'Assistance publique. Ninon eut le droit d'admirer quelques instants la relique jaunie et effritée ; le document mentionnait : « patiente au tempérament lymphatique, de constitution moyenne, douze frères et sœurs dont quatre sont encore en vie, surface érythémateuse, apparence blanchâtre, légèrement cicatricielle ». Une ordonnance suivait, le médecin avait prescrit de la tisane de houblon, de l'huile de foie de morue, de la pommade au précipité blanc, du sirop d'iodure de fer, du vin de gentiane et surtout des bains sulfureux.

L'époque était propice aux bains, on venait de découvrir que la peau respire, que l'eau favorise cette respiration, que le corps est plus fort quand il peut se remplir d'oxygène. Les médecins prescrivaient des ablutions à tout-va, les hygiénistes faisaient la promotion du bain, chaud pour enlever la saleté, froid pour fouetter les sangs et dynamiser l'organisme, sulfureux pour soigner les affections de la peau et les rhumatismes.

Esther raconta que la peau de Bernadette avait fini par guérir mais conservait de profondes cicatrices, et quelques années plus tard – car vois-tu Ninon cela ne s'arrête jamais, aucun répit, la catastrophe en cascade – ce fut la peau de sa fille aînée, Victorine, qui commença à se désagréger, comme si elle avait été brûlée, jusqu'à ressembler à un porcelet écorché.

Dans une pièce aseptisée, chaque jour pendant des mois, la jeune fille de douze ans prenait elle aussi des bains, cette fois de javel, dans lesquels on la plongeait pour désinfecter son corps réduit à l'état d'une immense plaie. Les médecins arrachaient un à un les lambeaux de peau détériorée, semblables à des fragments de parchemin humide, puis il fallut encore un an pour que l'enveloppe corporelle se reconstitue intégralement.

Et cette histoire de bains, d'eau réparatrice et apaisante, continua encore, trente ans plus tard avec Julie, la petite-fille de Bernadette Millot, hâtivement diagnostiquée hystérique – comme à l'époque nombre de femmes au comportement déplaisant – quand personne ne sut expliquer ses crampes musculaires et ses épisodes mutiques. Cette fois, on lui fit prendre des bains dix à douze heures par jour – une cure contre le dessèchement du système nerveux. On imaginait alors que ces bains avaient le même effet de dépouillement des éléments infectés : des portions membraneuses malades, responsables de l'hystérie, se détachaient des intestins, de la langue, de l'œsophage, et étaient expulsées.

Julie, soignée à Tours, n'eut pas la chance d'être prise en charge par le service du professeur Charcot, célèbre neurologue de la Salpêtrière qui développait de nouvelles thérapies à destination des femmes déclarées hystériques – magnétisme, électrothérapie et séances d'hypnose. Les médecins de Tours avaient bien proposé d'envoyer la jeune fille à Paris mais Bernadette, comme nombre de mères et de grand-mères de cette drôle de lignée, résistait farouchement aux prescriptions médicales, se méfiait en général des injonctions des hommes. Elle préférait s'en remettre à la chaleur d'une médecine familiale affective, aux cataplasmes de douceur maternelle ; on confinait les malades à la maison, on les bordait, on les veillait, on leur faisait boire des décoctions de plantes, on conviait la famille à les visiter, on les couvait à longueur de journée d'un regard bienveillant, et on priait.

Cette confiance dans les vertus thérapeutiques de la famille, quand la science souvent décevait, traversa également les siècles, se transmettant de mère en fille, contribuant à entretenir une suspicion à l'égard des médecins et un sentiment de supériorité peu propices à la guérison. On rechignait toujours un peu à confier sa fille malade aux spécialistes, même si on finissait par céder devant l'aggravation des symptômes, on entendait régler tous les problèmes en famille, on se persuadait que l'amour parental a tous les pouvoirs, qu'au-dehors le monde est hostile.

Au retour de Suisse, il y aura une nouvelle salve d'endocrinologues, de chiropracteurs, de mésothérapeutes, de naturopathes, et même de gynécologues, de séances d'hypnose, de relaxation, de cours de yoga, et un magnétiseur. C'est sans fin, addictif, une frénésie médicale, Ninon court comme une poule sans tête, s'agite vainement, et c'est comme si l'objet de sa quête erratique, la douleur, était passée au second plan ; elle n'a pas disparu bien sûr, elle épuise toujours Ninon, même si l'habitude l'érode un peu – le pli est pris d'une certaine manière –, mais consulter des médecins, des praticiens en tout genre est devenu cette expérience inflationniste qui vaut pour elle-même.

Si Ninon cessait d'avoir mal elle ne s'en rendrait peut-être même pas compte, hamster dans sa roue, affairée à consulter, à recueillir l'annonce de nouveaux diagnostics, à tester de nouvelles pratiques, à scruter avec passion les visages énigmatiques de tous ces professionnels de la santé. Et loin de l'affaiblir, cette manie, cette obsession de la consultation la maintient en vie, maintient intacte sa rage.

Ninon a renoncé à passer le bac cette année – sa mère a pris acte de la décision sans aucun commentaire –, elle a eu dix-huit ans, ce qui l'indiffère, n'a pas voulu fêter son anniversaire – Esther a quand même tenu à déposer un cadeau devant sa porte, une belle écharpe en cachemire –, se fout de tout à présent sauf du mystère insondable de sa peau, ses amis se sont définitivement effacés, Ninon est ailleurs, et sa mère est cette silhouette furtive dont l'unique mission désormais est de parlementer avec les services de l'assurance maladie pour les convaincre que le parcours de soins délirant de sa fille est justifié ; c'est tout ce qu'elle peut et veut faire.

Ninon oscille toujours entre sa chambre et les cabinets médicaux, oscillation hypnotique, alternance d'apaisement et d'accès de désespoir qui surgissent par vagues immenses puis refluent, et parfois, dans un état second, elle se balance sur sa chaise comme se sont sans doute balancées ses ancêtres démentes, ânonnant, geignant – putain, pourquoi ?

Mais les ressources de Ninon sont inépuisables, jamais à court d'idées, de désirs impromptus, même si désormais circonscrits au seul champ médical, elle se relève toujours, reprend ses esprits, mue par son acharnement à consulter, à débusquer le meilleur spécialiste, le traitement confidentiel, et maintenant, comment n'y a-t-elle pas songé plus tôt ? Ninon veut être hospitalisée.

Cela manque en effet à son palmarès, à la grande aventure médicale, et le temps n'est-il pas venu de tout reprendre depuis le début, les examens et les instruments – un check-up –, de s'abandonner de nouveau à la technosphère, aux experts, aux savants, qu'ils se tiennent tous là à son chevet, toutes les spécialités réunies en un seul lieu, toutes les hypothèses à nouveau sur la table, et à nouveau, après la Suisse, un espace de repli et de solitude, de prise en charge – la douceur de la dépendance. Pour Ninon l'hôpital n'est plus cet espace anxiogène, dédié aux catastrophes et aux mauvais présages, mais au contraire un lieu hautement désirable, protecteur – l'odeur blanche de désinfectant et de nourriture réchauffée, le lino luisant et la lumière farineuse sauront l'apaiser.

L'incroyable réseau médical tissé au long de ces derniers mois lui permet d'obtenir rapidement quelques jours d'hospitalisation à Saint-Louis, dans le service de médecine interne.

Arrivée à l'hôpital Ninon se fond avec délectation au milieu des autres patients, dans la multitude de ses semblables, le grouillement des pathologies, elle se promène le long des allées extérieures comme dans un jardin de maladies planté d'espèces qui prolifèrent et pollinisent, se sent immédiatement à l'aise dans cet environnement à pas feutrés, un entre-soi biologique où les regards se croisent pleins d'empathie et d'humilité, de soumission aussi.

On remarque tout de suite Ninon dans le service, son intérêt volubile pour les examens, sa soif de comprendre, son symptôme atypique, une allodynie anormalement étendue, la totalité des deux bras, ils n'ont jamais entendu une chose pareille, ça ne s'est jamais vu et ça intrigue.

Ninon est seule dans sa chambre, un luxe, offerte sur son lit mécanique, une blouse nouée sur la nuque l'habille à peine, elle sera bientôt soumise à un interrogatoire sur ses antécédents, ses douleurs, ses habitudes, toutes ces questions qu'elle connaît par cœur et toutes ces réponses stériles qui ne font pas avancer l'enquête.

Trois hommes en tenues blanches, sur lesquelles sont épinglés des badges à leur nom que Ninon déchiffre et tente de retenir, viennent entourer la patiente – c'est un tableau, gestes suspendus, bouches en avant prêtes à parler, regards concernés –, ils ont en main les résultats rassurants des analyses – aucune lésion du cerveau, zéro anomalie –, et l'un d'eux, celui que Ninon identifie comme le chef, plus âgé, estomac à la proue, soulève un pan de sa blouse en papier, palpe et ausculte, pour la énième fois depuis des mois cela devient lassant, exerce des pressions sur la peau, sur les organes à travers la peau, écoute, tapote, manipule les articulations, teste les réflexes, démuni comme tous les autres face au corps silencieux de Ninon, le symptôme invisible, rétif à l'art médical de l'observation, puisqu'il n'y a rien à observer dont on pourrait tirer des conclusions, pas une rougeur, pas l'ombre d'une grosseur, pas un début de déformation ou d'altération qui guiderait un diagnostic, rien à se mettre sous la dent, rien de logique car rien de perçu.

Face au cas Ninon, les médecins sont toujours désespérément privés de leurs sens, les yeux, les tympans, les doigts ne captent rien, rythme cardiaque normal, pouls idéal, pas de fièvre, pas de palpitations, pas de crampes, pas de blanc de l'œil jaune, ni saignement, ni tumeur, ni gonflement, ni ganglions, pas de souffle court et encombré, toujours aucun écho anormal dans le thorax, pas de vibration dans l'abdomen, pas de craquements osseux, pas de gargouillements dans l'estomac, silence abyssal, rien à tirer des profondeurs pour le remonter à la surface, surface inintelligible, désespérément opaque – c'est toujours la même chanson.

Le plus jeune des trois médecins, dont on ne saurait dire à cet instant s'il plaisante, propose alors d'ouvrir Ninon puisque toute lecture externe comme radiologique a échoué, voir enfin ce qui se passe dans la boîte noire de ce corps, trifouiller tranquillement à l'intérieur, percer l'énigme de cette magnifique allodynie extensive, aux contours jamais répertoriés par la littérature médicale, venir à bout de ce qui résiste ; car, plaisanterie ou pas, le jeune interne n'aime pas que ça lui résiste, se vit comme un soldat de la santé lancé sur le corps du malade comme sur un champ de bataille, sur Ninon devenue le théâtre des opérations, paysage complexe, surface travaillée de creux et de bosses, d'anfractuosités, de déclivités, un terrain sur lequel déployer les forces, chaque médecin, chaque spécialité représentant un corps d'infanterie.

C'est une rêverie de jeune interne, c'est également ainsi que Ninon s'envisage, un territoire sur lequel en découdre, et elle trouve qu'on ne se bat pas assez.

Comme chaque fois, Ninon souffre et les médecins ne trouvent rien, ni cause ni soulagement. L'hôpital, cette grosse machine de guerre, la laisse sur le carreau.

Devant cette défaite, pour la compenser peut-être, et pour se débarrasser de Ninon qui occupe inutilement un lit, on prononcera vingt-quatre heures plus tard, il était temps, le verdict de la maladie fonctionnelle – les troubles sont dits fonctionnels quand il apparaît que la maladie n'est ni grave ni sévère et qu'aucune lésion, atteinte ou séquelle n'a été retrouvée dans l'organisme. L'atteinte est donc seulement le fait d'un dérèglement physiologique passager et réversible, lié à un dysfonctionnement métabolique modéré ; le jeune interne ajoute d'un air entendu : conversion d'une émotion sur le plan somatique.

Ce qui fait une belle jambe à Ninon toujours affreusement brûlée par le moindre contact sur ses bras. Elle saisit que la maladie fonctionnelle est une maladie qu'on ne soigne pas, elle entend que c'est réversible mais quand ? comment ? et on fait quoi maintenant ? Si j'ai un problème de fonctionnement, si je suis une machine déréglée, n'êtes-vous pas des mécaniciens formés pour résoudre ce genre de problèmes ?

La maladie fonctionnelle a ceci de frustrant qu'elle laisse médecin et patient bras ballants, et le plus souvent contrariés, voire agacés, bien que rassurés. Le médecin ne peut pas soigner, le patient n'est pas vraiment malade. Le médecin ne trouve rien, le patient est dépité qu'on ne lui trouve rien ; Ninon l'est, considérant, comme toujours, qu'on ne la prend pas suffisamment au sérieux, en raison de son jeune âge peut-être. Se présenter aux médecins accompagnée de sa mère eût été préférable, sans doute plus convaincant, mais Ninon ne dérogera pas à la règle : toujours sans ma mère.

On la met donc à la porte de l'hôpital, il faut libérer une place pour un patient plus sérieux, plus rentable – une infirmière explique à Ninon qu'avec la fin du financement forfaitaire et la tarification à l'activité son cas ne rentre plus dans les objectifs de recettes de l'établissement –, il faut laisser son lit à un vrai malade, qui a fait ses preuves, preuves de la pathologie, de la lésion, quand Ninon n'a rien d'autre à donner que sa parole, ânonnée mille fois jusqu'à l'écœurement, j'ai mal là.

Quelque part dans les archives de l'hôpital Saint-Louis se trouvent peut-être les dossiers médicaux des sœurs jumelles Ève et Adèle, aïeules de Ninon passées par là dans les années 60 : d'abord jugées hystériques elles aussi, après que le diagnostic d'encéphalite eut été écarté, maintes fois auscultées par les médecins du service psychiatrique, puis traitées en vain avec une toute nouvelle molécule, l'halopéridol, neuroleptique destiné à atténuer les tics liés au syndrome de La Tourette.

Esther Moise fit état du cas d'Ève et Adèle, entendu comme un peu moins tragique que les autres, comme on raconterait une histoire drôle.

Ève et Adèle étaient atteintes depuis toujours de la maladie de Gilles de La Tourette : l'aînée, précédant sa sœur sur terre de quelques minutes, s'en trouva davantage affectée, secouée de tics dès la petite enfance, encline aux insultes, tandis que sa cadette n'usait que plus rarement d'un vocabulaire ordurier mais suffisamment pour se trouver, comme sa sœur, renvoyée de plusieurs écoles, victime de l'incompréhension crasse du corps enseignant et de l'absence de traitement efficace.

Le mal s'intensifiait et se diversifiait avec les années et à l'âge adulte le syndrome prit une nouvelle forme qui affecta à part égale Ève et Adèle : un penchant incontrôlable pour les imitations bouffonnes rendant de plus en plus délicates et risquées leurs sorties en ville, et finalement toute sociabilité. Couturières à domicile, elles s'étaient installées dans un modeste pavillon à Romainville – et y vécurent en couple jusqu'à leur mort, Adèle trépassant moins de quinze jours après Ève.

À l'abri dans la maison en meulière, leurs corps restaient en paix, mais dès qu'elles mettaient un pied dehors ils ne leur appartenaient plus, comme possédés par le spectacle du monde en mouvement, devenant les miroirs déformants de tous les passants qu'elles croisaient sur leur chemin. Clowns siamois, singes effrontés, elles reproduisaient alors spontanément les expressions et attitudes de leurs contemporains, accusant leurs démarches, outrant leurs défauts et leurs mimiques – les voûtés, les boiteux, les louchons, les gueules tordues, ceux qui traînaient la patte ou rentraient le cou étaient moqués sans vergogne. Bras dessus bras dessous on les voyait dans la rue se tordre en tous sens et grimacer sous le nez de leurs semblables, l'air ravi et insolent, hors de contrôle, et en réalité désemparées. Ce syndrome de La Tourette ne les quitta jamais, leur valut pas mal d'ennuis, quelques coups de canne et nombre d'insultes, dont la seule évocation faisait beaucoup rire Ninon qui ne voulait pas dormir – ses petits pieds ronds s'agitaient sous la couette, elle demandait à sa mère de lui raconter encore une fois cette histoire, une dernière fois c'est promis avant d'éteindre la lumière.

Au fil du temps, des consultations, Ninon a développé un rapport instable et ambivalent aux médecins, balançant entre confiance aveugle et scepticisme, colère et vénération. Ils restent des figures d'autorité, c'est indéniable, cette manière qu'elle a de serrer la main avec gratitude et respect, de remercier en appuyant sur le titre docteur – merci docteur, bonjour docteur, au revoir docteur –, la joie simple de prononcer ce mot, un sésame. Pourtant Ninon n'est pas dupe de sa docilité, de cette politesse affectée, et son admiration pour la fonction a fini par s'abîmer ; si elle cherche souvent à amadouer le médecin, à le séduire, cette soumission la contrarie, cet acquiescement béat à la supériorité de la science, à la morgue de ceux qui savent lui déplaît, et il arrive que Ninon se rebelle contre les manières hautaines ou indiscrètes d'un médecin.

Mais, c'est imparable, la simple vue d'une blouse blanche ou d'une table d'auscultation ravive l'espérance, une petite flammèche d'excitation au fond du cortex.

L'échec de l'hôpital se révèle cependant fatidique, entamant cette fois de manière irrémédiable sa confiance dans la médecine, certes mouvante, mise à mal depuis longtemps ; c'est la défaite de trop, l'ultime déconvenue,

Ninon est ressortie de l'hôpital dans le même état de vulnérabilité et de souffrance, et cette trahison-là est insupportable.

Ninon en a terminé avec la litanie médicale, pour de bon, une promesse qu'elle se fait à elle-même, ramassée comme un hérisson sur son lit, c'est fini, je ne me ferai plus jamais avoir, elle regarde le jour décliner à travers la vitre, il n'y aura pas de retour, pas de faiblesse de la volonté, le pacte est rompu. Ninon s'estime flouée, elle aura péché par excès de loyauté envers la science, trompée par les médecins, tous sans exception depuis le début, par ceux qui savent, qui peuvent et qui ne lui ont offert que le spectacle de l'impuissance et de la déroute.

Ce pouvoir tant admiré, Ninon finit par le haïr, elle repense avec colère à leurs mines affectées et leur langage codé, leur savoir ésotérique qui lui semble à présent une violence infligée au reste de l'humanité, celle qui se tient hors de ce cénacle privilégié.

La rage de Ninon, grandissante depuis que l'allodynie s'est déclarée, depuis presque un an maintenant, une furie alimentée par la fatigue, l'isolement et l'incompréhension, se retourne comme un feu dans la tempête contre les médecins, contre cette corporation officiellement chargée de la vie et de la mort des individus, de tout ce qui se produit à la lisière de ces deux réalités. Ils se tiennent là avec leurs stéthoscopes et leurs blouses blanches, prêts à dégainer un bloc d'ordonnances, et nous venons déposer nos existences entre leurs mains, quand ce n'est pas à leurs pieds.

Ninon fait le bilan de ces mois de consultations, elle en retient un sentiment d'injustice, ou plus prosaïquement de vexation – la douleur l'a rendue orgueilleuse, ajoutant à la susceptibilité de son jeune âge –, la désagréable impression que pour les médecins son mal n'est qu'un symptôme agaçant, à l'expression outrée, sans aura ni prestige, qu'elle est une emmerdeuse qui ne veut rentrer dans aucune case des manuels de médecine, un boulet, la mauvaise nouvelle qu'on voit arriver de loin, que ce qu'elle considère comme sa maladie, une maladie vraie, est traité comme un fait clinique mineur, un simple dérèglement de sa subjectivité, quand les médecins devraient plutôt la remercier d'incarner cette splendide énigme livrée sur un plateau, un prodige de la nature, car quoi de plus passionnant qu'un malade dans lequel la maladie prend bizarrement forme, se module sous des traits singuliers, se nuance et s'intensifie de zones d'ombre et de lumière, de teintes variées, quoi de plus stimulant que des individus imprévisibles, des cas particuliers qui débordent les lois et les catégories de la science.

Ninon se souvient avec ironie du jour désormais lointain où elle a appris qu'elle souffrait d'une allodynie, et du soulagement qui a suivi ; adoubée par la grâce du nom, la sentence magnifique, le doigt de Dieu sur sa tête, elle s'était crue sauvée, le nom devait être le déclencheur de l'action, la source d'où jaillirait la vérité, il devait tout éclairer, être la solution à l'opacité de sa vie. Et aujourd'hui tout a changé, tout est perdu, le nom éloigne, rétrécit les choses et les dessèche, il engloutit la complexité des sensations et des douleurs, il dissout Ninon, support transitoire et hasardeux sur lequel s'est incarnée la pathologie, avant de s'emparer plus tard, ailleurs, d'un autre, d'une autre, de continuer son petit bonhomme de chemin, car les êtres passent mais les maladies restent. Ninon Moise dans ses accès de pessimisme et de mauvaise humeur se sent comme un jouet, une balle ou un morceau de viande entre les pattes velues de l'allodynie mécanique – ce genre de monstre qui peuple les peurs enfantines.

Ninon, à nouveau repliée dans sa chambre, espace de confinement et de désordre, rideaux tirés, bougie parfumée à la vanille, fond musical, ordinateur en veille, junk food, livres éparpillés, commencés mais pas terminés, lus par le milieu ou par la fin, BD de Peeters et Schuiten, volume écorné de *L'île au trésor* et Amélie Nothomb, dvd sans leurs boîtes – frères Coen, Pixar et *Mission Impossible* –, tâche de réfléchir mais à quoi ? de prendre des décisions mais lesquelles ? Plusieurs mois ont passé comme des années.

Quand elle avait bu de la vodka, fumé de l'herbe, planant légèrement, quelques centimètres au-dessus de son corps, Ninon envisageait son allodynie, dans un imprévisible sursaut de sérénité et de présomption, comme une merveilleuse épopée du corps, une aventure de la connaissance et de la sensibilité, sa peau souffrante en majesté, son corps mille fois plus réceptif que tous les autres corps, elle goûtait la singularité de sa situation, non par masochisme mais parce que la douleur produisait une conscience de soi si vive, si acérée, une sensation ou une impression de soi si pleine, qu'elle touchait à une sorte de grâce. Dans ces moments d'artifices et de substances, Ninon se délectait des perceptions subtiles engendrées par la douleur, et enfilant une chemise ou un pull, sentant l'écorchure chaude zébrer sa peau, elle décomposait chaque fragment de cette souffrance, isolant chaque grain, accédant à un état de tension absolue, de fusion du corps et du crâne, cervelle fondue dans la peau, coulée dans les pores, à un sentiment d'unité tel qu'elle imaginait, semi-consciente, que cette sensation-là avait peut-être quelque chose à voir avec le plaisir, avec ce plaisir sexuel dont l'expérience lui était toujours refusée, ajournée du moins, et d'autant plus que tout désir, même solitaire, avait fini par la déserter.

Mais quand se dissipaient les effets de l'alcool et des pétards, au moment de la redescente, dégringolant les quelques centimètres qui la séparaient d'elle-même, Ninon n'était plus une aventurière des sens, plutôt douloureusement clouée à son corps tel le Christ en croix, rivée à sa peau, le cerveau englué, obsessif – obsession de soi qui redouble le mal, mute en fatigue de soi, en idées noires, monomanie qui accentue la douleur. Ce mélange du corps et de l'esprit, une mélasse, lui semblait alors une abomination, se sentant incapable d'oublier sa peau, de faire vagabonder ses idées, d'imaginer d'autres sensations possibles que la scarification et le feu, désespérément embourbée dans cette zone sinistrée de son corps, comme isolée du reste de son anatomie par de profondes tranchées.

Ninon ayant remisé les bouteilles de Smirnoff et la marijuana, renoncé au soutien improductif de la médecine, constaté que temps ne fait rien à l'affaire, il ne lui restait plus que la force de sa volonté, c'est ce que lui avait dit un jour sa mère – tu n'y mets pas assez de bonne volonté –, à bout de suggestions, ignorante de sa cruauté et de sa maladresse, car il n'y a pas de bonne volonté qui tienne, la volonté n'est ni bonne ni mauvaise, elle est sanguine, dermique, tripale, le corps décide, imprime le mouvement, fait la pluie et le beau temps, le reste suit, là-haut dans la boîte crânienne ça suit, ça reçoit les instructions et prend le pli.

Pour tester a minima sa volonté, Ninon avait tâché de corriger sa silhouette désormais voûtée, tête basse, épaules tombantes, bras détachés du buste lui donnant une allure simiesque, ou de cow-boy. Face au miroir en pied elle s'était redressée, s'efforçant de se tenir bien droite, bras le long du corps, menton altier, de rétablir son ancienne allure. Elle avait tenu ainsi moins d'une minute puis s'était affaissée, frottement de la chemise sur ses bras, à nouveau dirigée par les ondulations de la douleur et de la fatigue imprimant au corps sa forme, sa posture – comme sans doute le feraient les ondulations du plaisir a pensé Ninon –, dessinant les lignes anatomiques, déséquilibrant les membres, répartissant les forces du sommet du crâne jusqu'à la plante des pieds, accentuant des éléments, la courbe du dos, en effaçant d'autres, la poitrine rentrée, défaisant le regard et déplaçant le centre de gravité du corps – les bras devenus ce centre.

Si la volonté se révélait impuissante sur un exercice aussi simple, comment compter sur elle pour s'en sortir ?

En réalité Ninon avait eu tout le loisir, pendant ces mois de souffrance, d'éprouver dans sa chair, sur sa peau, que la volonté est un leurre, un pigeon d'argile prêt à éclater.

L'interne avait posé un diagnostic : conversion d'une émotion sur le plan somatique, Ninon avait entendu sans accrocher l'information, la laissant dériver et s'échouer à l'arrière de la tête, puis ça lui était revenu d'un coup, la phrase s'était faufilée au-devant de la conscience, éclairant ce qu'elle savait sans le formuler, sans l'articuler – quelque chose clochait dans sa vie qui s'exprimait à travers cette douleur allodynique. L'interne avait ajouté : toutes les maladies sont biopsychiques.

Une maladie des nerfs peut-être, comme sa famille en a produit un certain nombre au cours des siècles, car ils ont été fréquents les cas de désordres mentaux dans cette histoire, une litanie de douleurs psychologiques, d'affections du cerveau enroulées dans les corps, et inversement.

Ils sont nombreux bien sûr à l'avoir suggéré, plus ou moins frontalement, à avoir orienté Ninon vers un psychiatre, ou un psychologue pour les plus timorés d'entre eux, à l'avoir incitée à explorer cette piste, celle du dernier recours, quand tous les ressorts de la mécanique physiologique ont été épuisés, quand le mystère ne fait que s'épaissir et que, dans le même mouvement ascendant, l'ombre inquiétante de la psyché s'étend.

À ce stade de la douleur et de la fatigue, et de la dépression afférente, le temps est sans doute venu de se résigner, ou d'être raisonnable c'est selon, le temps est venu de ravaler son orgueil et ses préventions, d'essayer ce qui ne l'a pas encore été quand tout a échoué, et là encore il s'agit de médecine, celle de l'esprit, de la matière spongieuse qui le constitue, le temps est venu, quand il n'y a plus d'autre alternative, de prendre acte du trouble de nos vies métaboliques, et de consulter un psy.

Longtemps Ninon a craint et repoussé le verdict de la douleur psychosomatique, un diagnostic qui ne lui faisait pas justice, sa peau souffrait et c'est à fleur de cette peau qu'elle voulait être soignée, envisagée.

Longtemps elle a refusé d'évoquer son hérédité, repoussant une histoire jugée aussi complaisante qu'obscurantiste, balayant l'inévitable transmission, l'évidence de la lignée, l'indéboulonnable reproduction, voulant à toutes forces isoler ailleurs les raisons de son mal, dans l'air respiré, les ondes électromagnétiques qui nous bombardent en continu, les perturbateurs endocriniens qui infestent nos vies, la bouffe, la pollution, le soleil, le béton de la ville, tout ce qu'on voudra pour peu que ces raisons se logent dans les globules blancs, les enzymes, la moelle épinière ou les acides aminés. La douleur a fait naître en Ninon un fantasme de corps sans esprit, le rêve d'une matière sans âme, le désir de n'être qu'un assemblage de chair, de nerfs et d'os, car seule la chair serait digne de confiance, qui porte en elle la déchéance et le salut, que les instruments chirurgicaux triturent efficacement, quand les idées noires échappent au bistouri et aux rayons X, et Ninon s'est enferrée dans cette certitude : la chair est le seul lieu d'intervention possible. Voilà ce qui germe dans la tête d'une fille de dix-huit ans qui a mal à en devenir dingue, et qui rêve d'auto-engendrement.

Et rêvant de génération spontanée on suppose que Ninon sera réticente à aborder les inévitables questions – famille, ascendants, héritage.

Elle s'y résout cependant – conversion d'une émotion sur le plan somatique, le verdict de l'interne a fait resurgir toute une pelote de phrases similaires entendues depuis des mois, de bouches plus ou moins compatissantes, aussi vite refoulées, aux oubliettes, on verra ça plus tard, à quoi bon.

Et le à quoi bon devient un pourquoi pas, devient de la curiosité autant qu'une soumission à l'évidence, un acquiescement aux conseils et aux injonctions, devient une étape de plus dans ce qui est considéré comme un long voyage, une spéléologie de soi. Allons fouiller les strates de la psyché, voir ce que l'on y trouve d'explications et peut-être de soulagement.

La famille alors, la famille finalement, gros bloc de matière gluante, père – père inconnu qui aux yeux de Ninon a le mérite de ne lui avoir rien transmis, ni nom, ni maladie, ni conseils –, mère, et ancêtres et toutes les filles aînées depuis le Moyen Âge, qu'Esther a consignées sans répit, reproduisant avec minutie son arbre généalogique aux innombrables branches malades et tordues dans un cahier relié de cuir qu'elle entend bien léguer à sa fille – cahier lourd comme un grimoire, héritage aussi écrasant que cinq siècles de parenté, histoire sédimentée dans la roche du temps.

C'est bien la persévérance obsessionnelle d'Esther qui a permis de reconstituer l'intégralité du récit familial, car même si la majorité des cas ont été transmis de génération en génération comme autant de procès-verbaux, par la grâce d'une culture orale préservée et de quelques lettres et notes manuscrites, elle y a consacré une grande partie de son temps libre, se déplaçant aux services des archives de plusieurs villes, sollicitant des généalogistes, consumant ses heures sur Internet à la recherche d'indices afin de combler les lacunes du roman généalogique ; et si tout a été retrouvé, si le fil du temps ne s'est jamais interrompu, c'est que jamais aucun de ses ancêtres ne s'est aventuré à quitter la France, à changer de vie, à rompre, et ne serait-ce qu'à se marier hors de son terroir ; il y eut nombre de voyages insensés et de dérives mais ils restèrent strictement intérieurs, cantonnés aux boîtes crâniennes et aux viscères.

La famille d'Esther et Ninon Moise est une famille française qui a dégringolé les âges sans jamais quitter sa terre originelle ni même se mélanger d'une façon ou d'une autre, une lignée de femmes qui engendrent d'autres femmes avec toujours les mêmes hommes, ceux du coin, les Lacaze, Millot, Tendron, Quigne, Lamousse, des noms qui finiront par sonner aux oreilles de Ninon devenue adulte comme une petite musique redondante et sclérosée – pureté endémique, enracinement, incurable immobilisme qu'elle soupçonnera un jour d'être à l'origine du désordre pathologique, de la dégénérescence méritée, de la catastrophe annoncée, l'éclaircissement de ce mal innommable qui depuis cinq cents ans frappe en cascade.

Ninon connaît bien cet arbre généalogique, enfant elle le consultait chaque semaine quand Esther révélait un nouveau cas, racontait un nouvel épisode de la saga familiale, rajoutait une branche à l'épais ramage.

Aujourd'hui elle le déracinerait bien ce chêne à l'écorce fossilisée, pour le replanter à l'envers, sur une autre terre, ou le rempoter sous serre, oser des boutures, des greffes, le maximum de manipulations génétiques pour relancer les branches dégénérées, ou alors tout couper, faire un tas et brûler.

Est-ce que consulter un psy c'est, au contraire, danser autour de l'arbre, graver ses initiales dans le tronc, ajouter de l'engrais et arroser abondamment ?

Le psychiatre est une femme, recommandée par les internes de Saint-Louis pour ses travaux sur la peau et la conscience de soi. Le docteur Kilfe a une cinquantaine d'années : pull mohair, cheveux courts et drus, créoles en or, installée dans un petit cabinet moelleux, meublé de bois sombre et de tapis afghans superposés, décoré de miniatures encadrées et de gravures végétales. Ninon remarque d'abord une lampe Berger et un paquet de mouchoirs sur le guéridon attenant au divan, puis la banquette de cuir fauve, intimidante, menaçante, sur laquelle elle ne s'allongera pas, à dix-huit ans c'est sans doute prématuré – asseyez-vous mademoiselle. Elle ne porte pas de blouse blanche, ne prend pas la tension, ne vérifie pas les réflexes, mais conserve devant son nom le titre rassurant de docteur qui, malgré tout, malgré Ninon, continue à agir, à diffuser son parfum d'autorité.

La première séance est un échec, non du point de vue de la science mais de celui de Ninon, qui reste mutique, regrette d'être venue, finalement agacée de se trouver là, dans ce décor parfait, si prévisible – juste ce qu'il faut d'atmosphère compassée et ethnique –, indisposée par le silence professionnel et attentionné du docteur Kilfe – elle a tout son temps, un temps de trente-cinq minutes payées quatre-vingts euros. Ninon ne sait pas comment ni par où commencer, le passé ou le présent ? craint d'être mécanique ou banale ou vague, amorce des phrases d'une voix enterrée et ne les finit pas, regarde ailleurs, vers une lucarne qui ouvre sur la cime des arbres, vibre sur sa chaise, attend en vain que le docteur Kilfe marque des signes d'impatience, prenne la parole, émette au moins un son, un mouvement de la tête, mais rien sinon une version lacanienne du sourire de la Joconde.

Au terme des trente-cinq minutes de séance, Ninon promet cependant de revenir, prise de court par la question du docteur Kilfe, une voix claire qui s'élève : à la semaine prochaine alors ?

Encouragée par sa mère, qui voit dans cette psychothérapie sinon le début d'une guérison, celui d'une réconciliation, d'une réintégration de la lignée – et dans la psychanalyse en général un allié précieux pour son entreprise de bétonnage généalogique –, Ninon a cette fois glissé une flasque au fond de son sac, boit trois gorgées de vodka juste avant de monter, croque une pastille de menthe et vient s'installer, décidée, le feu aux joues, face au docteur Kilfe.

La psychothérapie n'est peut-être pas une si mauvaise occupation pour son cerveau surchauffé par la solitude et le ressassement, et assoupli par l'expérience et l'introspection. Il s'agit, ici comme ailleurs, dans d'autres cabinets, face à d'autres médecins, de jouer le jeu, de suivre scrupuleusement les étapes d'un protocole, de se plier à la mécanique du dispositif, et d'en évaluer les effets.

Ninon déroulera finalement une longue phrase à multiples rebonds, la machine verbale chauffant de semaine en semaine, entraînée par son propre mouvement, roulement à billes qui l'emporte : si elle commence par s'indigner de l'absence de solution antalgique à son mal, pas le moindre cachet antidouleur, pas la moindre crème anesthésiante pour me soulager, à peine incitée par le docteur Kilfe elle glisse rapidement sur ses aïeules, leur souffrance justement, ce qu'elles devaient éprouver à une époque où les médecins savaient à peine l'évaluer.

On se demande si elle était plus supportable en ces temps de ferveur religieuse, moins scandaleuse parce que expiatoire, augmentée d'une prime morale qui compensait l'absence de remèdes efficaces, si on souffrait en martyre, en bonnes catholiques, dans la certitude du salut à venir, peut-être même avec enthousiasme et dévotion. Ninon se prend alors au jeu, blâme, grandiloquente, son indécrottable scepticisme, déclare accepter volontiers qu'on lui inocule la foi si celle-ci existait sous forme de poison miraculeux – je ne demande que ça, croire pour sublimer ma souffrance, élever ma plainte, donner enfin un sens à cette affaire, si irrationnel soit-il, puisqu'il semblerait que la raison n'y parvienne pas.

Mais à la séance suivante, déroulant toujours la folle bobine de sa phrase, elle s'emporte cette fois, tout aussi théâtrale, contre les dévoiements de la religion et les errances de ses ancêtres bigotes, annonce préférer encore s'en remettre aux désordres du hasard qu'à la piété consolatrice. Le docteur Kilfe note à cet instant, sur son carnet mental, que Ninon est venue chercher ici une autre forme de sublimation, un régime de signification, laïque certes mais un nouveau régime de croyance, quand il est devenu insupportable de laisser prospérer en soi ce qu'elle a souvent appelé dans ses articles pour la *Revue française de psychanalyse*, le « jardin d'herbes folles ».

Au fil des séances Ninon revient maintes fois sur la douleur et la fatigue, sur sa misanthropie grandissante, qui lui convient dit-elle, sur le lycée loin derrière maintenant, les amis abandonnés, sur sa mère qui guettait et redoutait la maladie autant qu'elle la souhaitait, sur les récits soigneusement consignés et petit à petit délivrés, injectés tout au long de son enfance, patiente entreprise de mithridatisation, et bien sûr, non sans fierté, sur tous les médecins consultés, les spécialités enchaînées, les traitements expérimentés, son investissement corps et âme, les examens auxquels elle s'est soumise docile, apeurée, intoxiquée.

Et au bout d'un mois le docteur Kilfe avance enfin quelques hypothèses, d'une voix dont l'affabilité sonne mal aux oreilles de Ninon, comme de la condescendance peut-être : qu'elle a sans doute renoncé à toute compétence, à toute emprise sur son mal, qu'elle a eu le tort de s'en remettre absolument à la médecine, de se défausser de toute responsabilité dans cette histoire, et aussi qu'elle semble confondre sens et signification – ce n'est pas parce que votre mal n'a aucun sens qu'il n'a aucune signification ; autant de pistes que Ninon reçoit pour l'instant sans broncher, indifférente, déçue pour tout dire, et qu'elle laisse dériver au loin en attendant mieux.

Mais si les médecins de Saint-Louis ont confié Ninon au docteur Kilfe c'est surtout parce qu'elle a été l'élève, dans les années 80, du psychanalyste Didier Anzieu, professeur de psychologie à Nanterre et auteur d'un livre majeur, *Le Moi-peau*, dont la thèse, forte et poétique, s'est révélée féconde pour la science comme pour l'imagination : le sujet est logé dans sa peau. L'ouvrage, salué dès sa parution, est devenu un classique et fait toujours autorité, en particulier auprès du docteur Kilfe qui ne cesse d'y revenir : exercer une psychiatrie incarnée dans un organe, analyser les pulsions à partir d'une région du corps, voilà la mission que s'est donnée le docteur Kilfe ; et pourquoi la peau docteur ?

Tout simplement parce que l'ectoderme, feuillet extérieur de l'embryon, est la source neurologique commune de la peau et du cerveau, que les deux ne peuvent se séparer ; la peau parce qu'elle sécrète les mêmes substances que les neurones, qu'elle est un cerveau périphérique, le capteur qui reçoit les informations, lesquelles sont transmises au cerveau principal, décodées, analysées par lui, tandis que la matière grise, le cortex, est lui-même de la peau, qui coiffe la substance blanche. Entre la peau et la tête c'est donc à la vie à la mort.

Passé le premier mois, phase d'embuscade et d'observation du félin psychiatre, le docteur Kilfe se décide à être plus loquace, dépliant les différents aspects de la thèse du Moi-peau, et Ninon se passionne pour ce feuilleton, bien plus stimulant que toutes les conjectures sur sa responsabilité, son rapport aux médecins ou sa famille, s'envisageant désormais à la lumière de cette séduisante pensée.

Tout commence avec l'image de la peau comme enveloppe, écorce, sac – être un sac de peau qui contient le corps et ses humeurs, retient à l'intérieur les pulsions et les flux, qui sinon s'écouleraient de toutes parts, et le sang se déverserait à gros bouillons sur les tapis afghans du docteur Kilfe, et les poumons, les intestins rouleraient à terre.

Si les grands brûlés meurent c'est bien qu'ils ne sont plus étanches, ils fuient et s'éparpillent, le vide se fait en eux. Nous sommes des sacs de peau, des outres qui maintiennent et unifient tout ce qui nous constitue – os, organes, sang, cerveau, donc psychisme.

Moi est avant tout un corps, répète le docteur Kilfe avec solennité, moi est avant tout un corps et rien ne plaît plus à Ninon que cette affirmation, moi est avant tout une peau ajoute la psychiatre, moi est constitué de toutes les sensations qui naissent à la surface du corps, la surface de la conscience est homothétique à celle du corps, elles ont les mêmes superficies, les mêmes étendues, la conscience n'est pas enfouie dans les replis et les méandres du cerveau, elle affleure, sensible au vent et au soleil, aux caresses et aux coups.

Ninon, vous êtes un sac de peau mais aussi un livre de peau, un parchemin sur lequel se déchiffre tout ce qui a été vécu : plis et rides de l'âge, sillons des expressions, cernes de fatigue, cicatrices des accidents, boutons de la puberté, pâleurs des émotions. Une plaque sensible sur laquelle la réalité s'imprime sans répit, un récit dont on ne peut suspendre la narration car la peau est affectée en continu ; on peut fermer la bouche, les yeux, se boucher les oreilles, le nez, mais la peau reste toujours disponible, offerte, la peau ne peut pas se rétracter, ne se dérobe devant aucune sollicitation, le contact n'est jamais perdu, l'empathie permanente, et imaginez Ninon le supplice d'une absence totale de stimulation, d'une soustraction aux signaux du monde, imaginez une peau insensible, anesthésiée, dénervée. Le toucher est le plus nécessaire des cinq sens, vous pouvez, certes mal, vivre aveugle, sourde, privée de goût et d'odorat, ça s'est vu, mais vous ne pouvez pas vivre sans toucher, cela n'existe pas, c'est la démence assurée.

Le sens du toucher est ce qui apparaît en premier chez le nouveau-né, la peau se forme chez l'embryon avant tous les autres récepteurs, les contacts tactiles déclenchent les fonctions respiratoires et digestives, puis l'enfant, l'enfant que vous avez été Ninon, fait l'apprentissage de lui-même et du monde à partir de la peau, de la surface tendre et vierge de son corps, dont il ne cesse de faire l'expérience, touchant, caressant, se brûlant, s'écorchant – une représentation primitive et inaugurale de soi, un ensemble de perceptions tactiles qui s'additionnent et s'organisent pour faire advenir, couche après couche, contact après contact, une conscience, et finalement un individu.

La peau c'est vous Ninon, pensez-y, la peau, à l'image de toute vie humaine, est un tissu de contradictions, de tensions, de pressions, ça tire et ça s'assouplit, c'est fragile et sensible mais coriace et élastique, étanche et poreux, la cornée fait barrage et les pores ouvrent un passage ; pensez au compromis aussi, et à la synthèse.

Il y a ainsi, sur quelques mois, deux séances de trente-cinq minutes par semaine qui ne font pas disparaître le symptôme de Ninon mais brisent son monologue intérieur, guident l'incessant et désordonné flux mental, l'apaisent quand même un peu – et parler est toujours un divertissement, parfois même une ruse.

Ninon a aimé ces séances puis, coutumière des revirements brusques, s'est lassée, comprenant que tout resterait à l'état d'hypothèses et de suggestions. Elle n'a pas converti les fulgurances de Didier Anzieu en principes de guérison, a identifié sa frénésie de consultations médicales, son addiction à la feuille de soins, n'a pas tranché sur sa part de responsabilité comme sur l'étendue des origines psychosomatiques de son mal, se fout en réalité de savoir si le hasard, la génétique ou la somatisation ont engendré ce symptôme délirant – sans doute un peu tout ça –, a toujours la même requête, cesser de souffrir, constate une fois de plus la défaillance du savoir, considérant qu'elle y a mis du sien, donné de sa personne, mais qu'elle reste ce misérable sac de peau à vif.

S'il faut choisir, si on ne saurait dire à quel point la guérison du mal est tributaire de son explication, de son élucidation, Ninon réclame du soulagement plutôt que du sens, veut être délivrée, affranchie de la souffrance – de la famille, monolithique, on ne peut, elle conservera toujours la puissance et l'autorité indéniables du fait, on ne peut qu'aux marges, la prenant à rebours ou à revers, déstabilisant sa continuité, contestant la tradition, affolant la transmission du même.

Dans la famille de Ninon Moise tout commença en 1518 à Strasbourg avec Marie Lacaze, puis son arrière-petite-fille fut touchée à son tour, Catherine Tendron, deuxième cas répertorié par Esther aux racines de l'arbre généalogique : fille aînée d'une fratrie de neuf, la vocation chevillée au corps, Catherine rallia Poïtiers pour entrer dans les ordres et subit à son tour les affres de la malédiction familiale, échappant de peu au bûcher sur lequel on avait pris la fâcheuse habitude de faire monter les femmes au moindre soupçon de sorcellerie.

Ninon avait onze ans, était sans doute bien jeune pour entendre toutes les nuances de cette affaire terrifiante, s'enfonçait sous la couette, subjuguée, moins par le récit lui-même que par les intonations graves et solennelles de sa mère.

Esther raconta que Catherine était enfermée au couvent des Ursulines depuis seulement quelques semaines – la petite fille pieuse avait accompli son rêve – quand un soir au réfectoire, après la dernière prière de la journée et la soupe de poireaux grumeleuse, elle fut prise de convulsions.

Les autres sœurs réagirent immédiatement, comme préparées à ce genre d'événement, se jetèrent sur elle, la plaquèrent au sol pour tenter de la calmer, mais Catherine s'emportait, bavait de plus belle, se mit à éructer des insanités, sous l'emprise d'hallucinations sexuelles et d'apparitions de spectres aux queues fourchues.

Quand les nonnes desserrèrent un peu leur étreinte, la pensant calmée, Catherine se releva brutalement, se précipita vers le crucifix, qu'elle arracha du mur, souleva sa lourde robe de bure et l'introduisit dans son vagin en riant. Personne n'eut le temps d'intervenir, Catherine se masturbait maintenant sans vergogne avec le crucifix devant les nonnes tétanisées, leurs regards aimantés. La mère prieure finit par s'arracher à la sidération, se jeta à nouveau sur Catherine, qui tomba, s'assomma sur le coin d'une table, s'évanouit, fut portée dans sa cellule, où l'on espéra qu'elle resterait sonnée jusqu'au lever du jour.

Mais alors que Catherine avait sombré dans un coma peuplé d'images scandaleuses, d'autres sœurs se plaignirent au fil de la nuit de crampes dans le bas-ventre, de visions érotiques et de la visite de fantômes virils. À trois heures du matin, elles étaient plusieurs à errer dans les couloirs du couvent, s'agrippaient les unes aux autres, déambulaient à moitié nues dans les jardins, l'obscénité s'était emparée des Ursulines ; en quelques heures quinze sœurs furent contaminées et la folie menaçait de s'abattre sur le couvent comme la vérole sur le bas clergé.

Dès le lendemain une séance d'exorcisme collectif fut organisée, en public et à la va-vite, en l'église Notre-Dame-la-Grande. Le prêtre s'occupa d'abord de Catherine, déjà rebaptisée la « vierge folle », à qui il ordonna de se débarrasser de ses démons ; sa voix tonnait sous la nef, il tournait autour d'elle avec des yeux mauvais, lui soufflait au visage un air nauséabond, la harcelait – expie mauvaise fille, sorcière, vile créature du diable, sinon tu périras en enfer –, et provoqua alors une spectaculaire crise convulsive chez la jeune nonne ; son corps se balançait d'avant en arrière avec une violence telle que sa tête finit par toucher ses pieds, elle empoigna ses seins et se frotta avec provocation contre les marches de l'autel.

Puis tout s'emballa et dégénéra, dans la foule des curieux venus assister au spectacle certaines jeunes filles furent frappées à leur tour, poussaient des hurlements de gorets affolés, tombaient en cataplexie, arrachaient leurs vêtements, un brouhaha affreux monta dans l'église, un vent de panique balaya les paroissiens, des chaises furent jetées en travers de la nef, ce fut la bousculade, l'empoignade, on s'écarta des filles prises de folie, on tomba à genoux en prière, on pleura et on gémit ; l'église fut évacuée dans la confusion.

Cette séance d'exorcisme, loin de soigner et de réparer, ne fit qu'attiser l'excitation de la nonne et aggraver son cas : dans les semaines suivantes, elle développa une grossesse nerveuse qu'elle imagina provoquée par l'intrusion du crucifix dans son pauvre corps empêché.

Au mépris de toute charité chrétienne, la mère prieure finit par chasser Catherine du couvent des Ursulines. On l'envoya dans un autre couvent du sud de la France, avec l'espoir qu'elle n'y fasse pas de vagues, mais Catherine s'en s'échappa quelques mois plus tard pour revenir à la vie séculière, épousa un pêcheur de moules et poursuivit finalement la lignée démente puisqu'elle eut cinq enfants dont une fille aînée.

Il y a cette lecture frappante, décisive, de *La Métamorphose* de Kafka, puis, hasard ou non, la veille de sa dernière séance chez le docteur Kilfe, un autre livre, emprunté à la bibliothèque de quartier où Ninon aime traîner, feuilleter les magazines, observer à l'écart les hommes désœuvrés, aux parkas mal ajustées, aux lunettes rafistolées, encombrés de sacs plastique, qui passent leur journée là au chaud compulsant chaque titre de presse, de la première à la dernière page, prenant parfois des notes sur un minuscule carnet à spirale. Bercée par les chuchotements, les froissements de papier, les pas traînants sur la moquette, un caisson sonore apaisant, Ninon somnole, tue le temps, parfois repart avec un livre.

Ce jour-là c'est un recueil de nouvelles de Fitzgerald – le titre l'attire, *La Fêlure* –, elle s'installe à une table, commence par parcourir quelques pages au hasard, ses yeux butent sur une phrase fameuse, passée à la postérité, devenue citation fétiche, elle la relit plusieurs fois pour l'évaluer, la juge appropriée bien que peu engageante, tout à fait adéquate à ce qu'elle éprouve, une phrase calibrée pour son âge incertain : « toute vie est bien entendu un processus de démolition ».

Ninon ne peut pas rester insensible à une telle sentence, la voilà la fêlure originelle, logée dans le principe même de la vie, l'existence fait faillite comme n'importe quelle entreprise, avec le temps, car depuis le début quelque chose se trame, avance, s'amplifie discrètement, sans bruit, c'est une minuscule fissure, présente à la naissance, qui craquelle et effrite déjà la matière terreuse de nos existences, et qui va s'élargir, creuser dans l'ombre, nous miner jusqu'à la fin. Si c'est joué d'avance, alors à quoi bon se débattre ? Si c'est joué d'avance, il n'y a pas de cause particulière au mal, pas d'autre explication que la vie elle-même. Quelle aubaine pour Ninon, quelle consolation cette phrase, une invitation à la légèreté, à l'indifférence, elle imprimerait bien ces mots sur un t-shirt ; en attendant ça lui fait sa journée, mais guère davantage car que peut la littérature pour un corps endommagé ?

La nuit suivante, comme tant d'autres nuits agitées, flottant dans des états incertains et bourbeux, Ninon ne parvient pas à dormir et fait tourner de vaines pensées – retrait hors du monde, vie de solitude et d'ascétisme dans une grotte, opération de dénervation intégrale du corps, idées suicidaires –, de drôles d'interrogations – qu'a-t-il ressenti celui qui le premier a incisé la peau d'un homme, a découvert ce qui se cachait derrière, ce qui se cachait dessous, comme il a dû avoir peur, comme il a dû être excité, impressionné, terrorisé, ce premier chirurgien –, des images aussi, fantasmatiques – Ninon ôte sa peau comme un vêtement, l'abandonne au sol, une vieille fripe usée –, des images d'art anatomique, des gravures médicales d'écorchés sur lesquelles on admire le corps dépouillé, incisé avec précision le long des muscles, la peau en lambeaux, entièrement décollée, un linge qui pendouille, ou la gravure d'un écorché portant sa peau à bout de bras par Juan Valverde de Amusco, vue sur Internet, tel un costume informe, déguisement de fantôme. Lors de ses nombreuses recherches dans les sinuosités du réseau, Ninon avait découvert cette gravure d'un autre temps figurant la peau comme un linceul, puis elle était tombée sur un extrait du *Jardin des supplices* d'Octave Mirbeau dans lequel un homme, dépiauté comme un lapin, littéralement épluché, traîne sa peau tel un manteau de malheur.

Dans ces dérives nocturnes et immobiles, pétrifiée par l'obscurité, Ninon s'imagine serpent qui mue, couleuvre qui grandit, abandonne une enveloppe devenue trop étroite, encombrante : la peau froide et visqueuse se déchire, la couleuvre vient se frotter contre une pierre ou une branche pour accélérer la transition, la peau se détache enfin d'un seul tenant, remplacée par une autre peau nouvellement formée, juste sous la première. Se métamorphoser en serpent pour être sauvée. Un serpent ou tout autre animal. Car les animaux ont ce privilège de vivre sans peau, sans cette enveloppe vulnérable et ridicule, protégés par leurs écailles, leur fourrure, leur laine, leurs poils et leurs plumes, autrement plus efficaces, et si beaux.

Cette nuit-là, dans un demi-sommeil, Ninon est prête à renoncer à ses privilèges humains, à la supériorité de son règne, à tout ce qui la place inutilement au-dessus des bêtes, et ce ne serait pas un sacrifice, à renoncer à la subtilité complexe de son cerveau en échange de la dureté du cuir, d'une belle carapace, blindée comme un coffre-fort – mon cerveau contre une peau de rhinocéros, voilà sa prière du soir, une supplication mains jointes.

Un an et demi a passé, le bac est loin derrière, les saisons s'enchaînent sans distinction, les relations entre Ninon et sa mère se sont progressivement désactivées, Esther Moise remplit le frigo pour sa fille, de tout ce qu'elle aime – tarama, mousses au chocolat, mozzarella, bières –, lui achète la presse, du magazine *Elle* au *Monde diplomatique*, lui loue des dvd, tout ça déposé devant la porte de sa chambre, parfois accompagné d'un mot manuscrit, d'une carte postale ornée d'un cœur ou d'un « kiss ».

Dans cette chambre, assignée comme le Gregor Samsa de Kafka, Ninon mène une vie qui ne correspond pas à son âge, à aucun âge en vérité, plus vieille que vieille, une vie latente, suspendue dans une zone brumeuse où le corps n'est plus qu'une silhouette, effacée de l'existence de ceux qui l'entouraient, tout est éteint sauf la peau de ses bras et son cerveau qui mouline comme l'ordinateur, se remplit d'images, de mots, de sons, une forme de dépression hyperactive, une asthénie fiévreuse, une solitude habitée, encombrée même, de mille divagations, c'est l'intérieur de Ninon qui se peuple et enfle, tandis que son enveloppe demeure vierge, déconnectée, morne plaine.

Il est entendu depuis des mois maintenant que la médecine a échoué à traiter le symptôme brûlant, à déchiffrer le corps malade, sa grammaire cryptée ; Ninon est demeurée illisible, les médecins n'ont pas su traduire les borborygmes de sa douleur en une phrase lumineuse et sensée. Reste le symptôme, indubitable mais tautologique, qui ne fait signe que vers lui-même, sans maladie pour le porter, et s'il n'y a pas de maladie il n'y a pas de guérison possible. Ninon est donc à l'arrêt, en cale sèche.

Un endocrinologue consulté six mois plus tôt avait déclaré : c'est parce que les hommes se sentent malades qu'il y a une médecine. Ensuite, grâce à la médecine, les hommes savent en quoi ils sont malades – une loi inapplicable dans le cas de Ninon, se sentir malade n'ayant débouché sur rien.

À ce stade, le plus raisonnable pour Ninon serait sans doute de renoncer à l'idée même de maladie, c'est ce que lui avait suggéré le docteur Kilfe, parlons plutôt d'anomalie, d'infirmité, quelque chose qui ne se guérit pas, sans aspirer à retrouver une supposée normalité du corps, ce qu'on appelle la santé, ce que le chirurgien à moustache René Leriche définissait en 1936, temps reculés de la médecine, comme le « silence des organes » – « la santé c'est la vie dans le silence des organes » ; quatre-vingts ans plus tard on n'a pas trouvé mieux.

La peau de Ninon ne fait pas silence, la paix biologique est un leurre, peut-on seulement accéder à cet état idéal, parfaitement serein, neutre, par lequel on serait enfin disposé à supporter toutes les défaillances organiques, cet état souple et mobile qui permettrait de retrouver sa forme initiale après un choc, de tolérer les agressions et d'encaisser sans dommage les contrariétés, dissoutes dans le mouvement perpétuel du corps ?

Si avec le temps le monde autour de Ninon n'en finit pas de tanguer et de s'effriter, la dépression a finalement tari la révolte, atténué la colère. Restent ces deux gros blocs de douleur et de fatigue, deux amas de tourbe noire posés sur la moquette de sa chambre, deux monstres qui prennent une place folle mais dont la présence est devenue familière, beaucoup moins scandaleuse, et que Ninon observe même parfois d'un air absent. Avec le temps elle a cessé d'opposer une résistance farouche au mal – se raidir, se cabrer ne fait qu'accentuer la brûlure –, le laissant prendre possession de son corps, prendre ses aises, se faisant la plus transparente et légère possible, s'adaptant, un peu, à la marge, faisant en sorte qu'il pèse moins, roulée en boule dans la tempête pour que la foudre glisse sur ses flancs, non pas s'en accommoder définitivement, c'est trop dur, mais bricoler, négocier, peut-être le début d'autre chose, une nouvelle phase dans sa quête de soulagement, un détachement, une forme de déprise.

Pour Ninon, cette tentative de désertion de soi, de désaffection, pourrait constituer le revers salvateur du poids inconsidéré de sa famille – qui devant l'échec s'invite à nouveau –, et surtout de l'inquiétude qui plombe, car – cela s'était présenté comme une hypothèse plausible – à force de redouter le pire ne l'invoque-t-on pas ? Et si c'était la peur qui avait provoqué l'irruption du mal, qui l'avait appelé de ses vœux ?

L'histoire de cette famille frappée par le mauvais sort est peut-être celle d'une angoisse renouvelée à chaque génération. Les regards soucieux de tous ces pères soulevant leur nouveau-née – leur fille aînée – n'étaient-ils pas des regards maléfiques qui engendreraient la maladie, qui la désiraient à force de la redouter, de l'attendre, de la traquer ? insinuant, accusant et reprochant déjà la catastrophe à venir. Le regard lourd et provocateur d'Esther Moise sur Ninon Moise a-t-il été décisif ? Et toutes ces histoires accumulées ? Puis l'inquiétude de Ninon elle-même ? Ninon regardée comme malade par sa mère avant même de l'être, regardée comme porteuse de la tragédie avant même qu'elle ait pu s'épancher.

Voilà la conclusion, bien peu rationnelle certes pour une fille qui affecte de l'être, à laquelle est parvenue Ninon, vers laquelle on peut en toute bonne foi se laisser porter après des mois de douleur, des centaines d'heures enfermée dans une chambre ou allongée sur un lit dans des positions inconfortables. Le regard anxieux de sa mère, mais aussi fiévreux, agité, impatient, serait ce mauvais œil qui a fini par convoquer le mal en grande pompe. C'est une hypothèse donc, qui pourrait signer l'ultime défaite de la raison, c'est en tout cas une nouvelle manière d'envisager la situation, de relancer la machine, non pas à guérir, le terme est devenu impropre, mais à retrouver l'usage de soi.

Imaginons alors qu'il ne s'agisse plus désormais de guérir mais de défaire le mauvais œil. Acceptons, dans le même temps, que se tenir du côté de la science exige un minimum de forme physique, d'énergie, d'espoir. Reconnaissons que Ninon est bien trop fatiguée, bien trop lasse pour ne pas se laisser dériver vers des zones plus incertaines.

C'est un petit flyer, imprimé à l'encre verte et floue, ramassé par Ninon à la sortie du métro Barbès il y a des mois déjà. Elle a conservé le modeste prospectus, l'a punaisé au-dessus de son bureau, le regarde souvent, déchiffrant les phrases tassées, à peine lisibles : *Spécialiste des problèmes sentimentaux. Possède un pouvoir infaillible sur les retours de l'être aimé. Votre mari ou votre femme vous a quitté, il ou elle courra derrière vous comme un chien derrière son maître grâce à son don surnaturel. Résout vos problèmes familiaux, vos ennuis financiers et sociaux. Même déçu d'une autre voyance. Protection contre les dangers. Problèmes sexuels. Maladie inconnue. Permis de conduire. Examens, solitude, fécondité, chance, réussite dans vos projets et affaires. Désenvoûtements. Rapidité, efficacité sont les bases de mon travail. Médium pur et sincère. Garanties à vie. Discrétion assurée.*

Au-dessus de la liste des prestations et domaines de compétence du marabout, une minuscule photo, sombre – un visage noir et concentré surmonté d'un kufi blanc –, permet de se figurer Monsieur Bana. L'image est accompagnée d'une légende : *grand voyant médium est parmi vous ! satisfaction en 48 h maximum. Reçoit tous les jours sur rdv.* Ninon, par jeu, pour rire, et sait-on jamais, avait appelé plusieurs fois le numéro mais en vain, échouant systématiquement sur une boîte vocale qui ne prenait pas de messages et se contentait de diffuser un rythme de congas.

Aujourd'hui elle relit machinalement le flyer et son regard accroche « maladie inconnue » puis « désenvoûtement », elle se demande lequel de ces deux maux est le bon, est le sien, celui pour lequel elle pourrait solliciter Monsieur Bana. Si elle parvenait enfin à l'avoir au bout du fil, que lui dirait-elle du motif de son appel ? Bonjour, c'est pour une maladie inconnue ? ou bonjour Monsieur Bana, c'est pour un désenvoûtement ? Ninon se dit qu'après tout Monsieur Bana est peut-être un médecin qui a raté sa vocation, qui a raté le concours d'entrée à la faculté, ou que tous les médecins qu'elle a consultés sont des Bana qui s'ignorent – leur parole hermétique, leurs injonctions en forme d'énigmes pour le patient, la graphie illisible des ordonnances dessinent un monde aussi trouble et secret que les formules magiques de Monsieur Bana. Des deux côtés il est demandé au malade de se soumettre avec ferveur à l'autorité, d'avoir la foi pour être soigné. La médecine n'a-t-elle pas commencé avec la magie, ne vient-elle pas de cette obscurité-là ? Ninon, à ce stade, décrète que de la science médicale à la science occulte il n'y a qu'un pas, aisément franchissable quand du côté de la religion scientiste tous les dieux sont morts, quand il ne nous reste rien sinon l'expérience, ses infinies possibilités.

Ninon est prête. Disposée à virer de bord. Après être passée entre les rouages des machines et les mains d'une psychiatre. Mûre pour la pensée magique, une version contemporaine et volontariste de la foi de ses aïeules, les Lacaze, Millot, Tendron, Quigne, Lamousse, Flanchet, toutes ces grenouilles de bénitier dont Ninon va prendre la suite, mais pas dupe, guerrière, une moue ironique aux lèvres.

L'année de ses quatorze ans, Ninon et sa mère ont passé un week-end à Marseille. Elles ont pris une chambre sur le Vieux-Port, mangé une glace dans le quartier du Panier, se sont baignées dans les Calanques, ont visité le musée de la Vieille-Charité, puis grimpé sur les hauteurs de la ville, jusqu'à la basilique Notre-Dame-de-la-Garde, la Bonne Mère qui veille sur les marins, les footballeurs de l'OM et tous les Marseillais. Elles ont admiré l'impressionnante collection d'ex-voto offerts à la Vierge pour la remercier d'une grâce accordée. Les murs étaient couverts de ces petites plaques de marbre, comme des cartes postales minérales gravées de vœux de protection, d'aide, de réussite ou de guérison. Elles en ont lu à haute voix des dizaines, autant d'ébauches de romans, de récits d'aventure condensés, des machines à rêver, et elles ont imaginé ensemble les vies contenues dans ces quelques mots au burin :

Le 4 décembre 1901 dans l'océan Indien désemparé et assailli par un épouvantable cyclone. Reconnaissant à Notre-Dame-de-la-Garde pour nous avoir sauvés. Commandant A.F. Mattéi.

Marie rend grâce à la Bonne Mère car son fils Martin ne s'est pas empoisonné quand il a avalé des comprimés. 21 janvier 1985.

Merci Bonne Mère d'avoir envoyé la guérison à mes moutons car ils se mouraient d'une mauvaise maladie sans trouver aucun remède et maintenant ils vont bien (Paul Nuevo, 1947).

José, pêcheur, fait savoir sa reconnaissance à la Bonne Mère pour lui avoir accordé la santé après des douleurs dans les mains et pour lui avoir donné des forces pour continuer à travailler en haute mer. Bénie soit la pêche pour laquelle elle me secourt. Mars 1950.

Puis elles sont sorties sur le parvis de la cathédrale pour admirer la vue et Esther Moise a tiré de son sac un paquet emballé dans du papier bulle, l'a tendu à sa fille avec un sourire satisfait – cadeau ! –, Ninon l'a saisi à contrecœur, déchiré le papier, découvert une plaque de la taille d'une demi-feuille A4, un rectangle de marbre blanc sur lequel était inscrit en lettres majuscules dorées : BONNE MÈRE, PROTÉGEZ NINON, MERCI.

Il faut maintenant trouver une place pour la faire sceller, Esther a éclaté de rire, Ninon a eu honte puis s'est raidie, glacée par l'impression de se tenir face à sa propre pierre tombale, sa reproduction en miniature, gravée d'une épitaphe absurde. Devant l'air dépité de sa fille, Esther s'est ravisée, a présenté cet ex-voto comme un cadeau décalé, un geste dadaïste – Ninon n'a pas compris le mot « dadaïste » mais la désinvolture et la légèreté de sa mère lui ont semblé en partie feintes, elle la savait déjà un peu déjantée et la soupçonnait à présent de croire secrètement aux miracles.

Repensant à cette histoire cinq ans plus tard, Ninon se dit que finalement ça ne pouvait pas nuire cette adresse directe à la Vierge, se demande si le vœu n'a pu être exaucé parce qu'elle avait refusé que l'ex-voto soit installé au vu de tous les visiteurs, ne peut s'empêcher de penser que si la plaque avait été scellée pour l'éternité sur les hauteurs de Marseille elle n'en serait pas là aujourd'hui ; et puis chasse cette pensée comme une mouche.

L'ex-voto a fini dès leur retour dans un tiroir de la commode au milieu d'un fatras de babioles et de paquets de clopes entamés. Aujourd'hui Ninon le cherche partout dans l'appartement, ne le trouve pas, sa mère a sans doute fini par s'en débarrasser, la blague n'était plus drôle, le sort avait frappé.

Ninon s'installe devant son ordinateur, cherche vers quoi, vers qui dérouter la confiance perdue, trahie, cherche maintenant avidement sur Internet les coordonnées d'un sorcier, d'un exorciste puis d'un chamane, tape « transe », tape « thérapeute chamanique paris » et, en effet, inutile de rallier les steppes de Mongolie ou la forêt amazonienne, il existe des chamanes parisiens prêts à la recevoir dans des F3 du côté de la place d'Italie.

Elle ouvre la porte en chaussettes, détail qui n'échappe pas à Ninon et ne plaide pas en faveur de la chamane – elle se fait appeler Asha. Le reste de la tenue est sobre, pas de déguisement de sorcière, de colifichets autour du cou, de vêtements ethniques bouffants. Une soixantaine d'années, teint olive, col roulé noir près du corps, qu'elle a long et délié, et montre digitale au poignet.

Elle demande à Ninon de se déchausser, l'invite à entrer d'une voix enveloppante, une voix typique de thérapeute – Ninon repère désormais ces inflexions particulières, ces intonations propres à ceux qui soignent, qui ont pour fonction d'écouter et de soulager, ces accents suaves et autoritaires, apaisants et décidés, elle les connaît par cœur.

Dans la pièce principale dédiée à la cure chamanique, le contraste est frappant entre un aménagement moderne et fonctionnel – volets roulants, parquet flottant, baies vitrées coulissantes, spots halogènes dans le faux plafond – et l'imposant cabinet de curiosités fixé au mur du fond et qui l'occupe sur toute la largeur : derrière une vitrine, un assemblage de figurines anthropomorphes, de poupées africaines, d'amulettes conservées dans des flacons remplis d'huile rouge, de visages humanoïdes sculptés sur des morceaux de bois, une pierre à magie kanak en forme de cervelle ou peut-être de nuage – une concrétion de magnésie qui vient de Houaïlou en Nouvelle-Calédonie précise la chamane –, et des offrandes disposées sur un plateau d'ivoire sculpté, sorte d'autel miniature – sang de bœuf séché dans une coupelle, petit verre d'alcool blanc, quelques grains de café, un cône de tabac à rouler.

Ninon est encouragée à admirer longuement chacun de ces trésors, cela fait partie de la mise en condition, et c'est aussi qu'il faut attendre que la nuit soit tombée car la nuit les esprits sont plus puissants.

Un quart d'heure plus tard, après un thé noir aux épices et avoir répondu aux questions toujours pressantes de Ninon – sur son syncrétisme chamanique qui invoque autant le Denetsak, esprit de la forêt des Indiens Trumai du Brésil, que les âmes errantes de la steppe sibérienne –, la chamane du XIIIe arrondissement allonge sa patiente sur un tapis de sol au centre de la pièce, lui demande de fermer les yeux, de se laisser faire, de se laisser guider. Ninon tâche de s'enfoncer dans la fine épaisseur du tapis de caoutchouc, de relâcher les tensions de son corps, de faire tomber ses globes oculaires au fond de leurs orbites comme le lui enjoint Asha, de faire fondre ses tempes sur la boîte crânienne et glisser la peau du front à l'arrière des oreilles, de respirer par le bas, de sentir les intestins palpiter à l'inspire et à l'expire, et de ne penser à rien.

La chamane s'agenouille, chuchote : laisser venir et proliférer les esprits ; faire l'expérience de leurs présences ; libérer l'âme du poids du corps habité ; les esprits vont se manifester par un ensemble de sensations ou de perceptions dont votre corps sera le siège ; la présence des esprits vous enveloppera comme une seconde peau, qui apaisera la vôtre.

Le soin chamanique va durer trente minutes, la pièce est maintenant plongée dans l'obscurité, à peine troublée par la lueur d'une bougie, un bâton de sauge brûle pour purifier l'espace et le patient. La chamane s'assoit en tailleur à un mètre de Ninon, cale son tambour de Sibérie entre ses cuisses, suspend un instant son geste, solennelle, puis commence à jouer avec vigueur, la main s'abat, frappe la peau tendue en cadence, accompagnant chaque coup d'une exclamation sonore qui, déposée sur les tympans de Ninon, forme l'étrange mot « dungur » ; dungur ! dungur ! dungur ! Ninon a sursauté au premier coup, respire l'odeur délicieuse de la sauge, guette les signes à venir.

C'est le rythme envoûtant et soutenu du tambour de Sibérie qui doit provoquer la transe, c'est le son qui doit faire advenir les esprits, présences accessibles aux seules fréquences de l'instrument, se manifestant alors sous la forme d'inductions magnétiques.

La chamane frappe toujours – dungur ! dungur ! –, la plante se consume, le noir s'épaissit, Ninon s'engourdit, puis sent un courant froid la parcourir, le sent ou le rêve, une tachycardie progressive accélérer son pouls, chaque son du tambour induisant une légère contraction musculaire quelque part dans son corps, d'infimes courts-circuits – ventre, bras, cuisses, mollets –, mais Ninon reste impassible, observe ces drôles de sensations électriques depuis l'intérieur d'elle-même, aussi sombre qu'une mine de charbon.

La première séquence est terminée, Ninon ne saurait estimer sa durée, un temps insaisissable, caoutchouteux ; la chamane dépose son tambour ensorcelant, le recouvre d'un linge, vient s'agenouiller près de Ninon, dont les yeux sont toujours clos et la respiration désormais lente et profonde dans le ventre, elle tressaille à peine en sentant approcher la femme, qui fait maintenant flotter et danser ses mains vingt centimètres au-dessus du corps de sa patiente, de haut en bas.

La chamane se met à aspirer bruyamment par la bouche, tête renversée, lapant l'air, puis crache dans un petit bol de terre placé aux pieds de Ninon – elle l'entend expectorer mais reste concentrée, soucieuse de se plier à l'exercice jusqu'au bout, de suivre la règle, d'adhérer, Ninon est une fille sérieuse –, j'aspire les taches noires en suspension dans la pièce, ce sont des taches maléfiques, c'est le mal en vous, je l'extrais, je l'ingère, je l'expulse, je le désactive en le mêlant à ma salive et à mon souffle.

Gardez les yeux fermés surtout, ne bougez pas, je vais m'allonger à vos côtés pour procéder au recouvrement d'âme – la voix de la thérapeute se fait plus lointaine, sous-marine –, nous allons commencer par chercher votre animal-totem.

Ninon sent le corps odorant d'Asha la frôler, un léger parfum d'ambre, tatou ou porc-épic sont vos totems ; Ninon n'a pas compris, n'a saisi que des syllabes, sons flottants et solitaires, ta, tou, ké, pic, ne formant aucun mot, rien d'intelligible. La chamane l'a annoncé avant le début de la transe, toute réalité est constituée de deux faces, deux dimensions, la forme et l'informe, et au son du tambour de Sibérie on passera du côté de l'informe. Monte alors en Ninon un sentiment vague du corps, celui qu'on éprouve dans un demi-sommeil, quand la chair est ralentie, quand le monde au-dehors s'évanouit, que les sens s'éteignent et que d'autres se réveillent, internes, incorporels, méconnus jusque-là. Elle a maintenant la troublante et incertaine sensation d'exister depuis un point enfoui loin dans son organisme, quelque part entre le foie et la colonne vertébrale, c'est le moi splanchnique qui se dilate, occupe la place, c'est une vie interne qui se manifeste, c'est le but recherché par la chamane, on y est.

Dans la transe chamanique le patient est mené par étapes vers une forme d'état nocturne, de sorte que le lieu de réception des informations se trouve non plus à la surface du corps – pupilles, narines, tympans, peau – mais au-dedans ; la vigilance à l'égard du monde est désactivée et, comme endormi, le patient continue à entendre mais mal, des sons brouillés, à voir mais vaguement, des halos de lumière, à sentir mais de manière floutée, tandis que les viscères deviennent le centre névralgique, le récepteur des émotions et des sensations – et c'est bien à cet état intermédiaire que Ninon, semble-t-il, vient d'accéder.

La chamane a frappé quatre fois sept coups sur son tambour, signalant la fin du soin, la sortie de la transe. Ninon ouvre les yeux, le corps ankylosé, des filaments lumineux, la tête qui bourdonne, et instantanément le contact brûlant du tapis de sol contre ses bras, les flammèches qui dansent sur la peau, rouges et ondoyantes, la familiarité avec la douleur.

Quelques minutes plus tard elle a recouvré ses esprits, bascule doucement sur le côté, se redresse, remet ses chaussures, tend soixante-dix euros en liquide – argent toujours procuré en abondance par sa mère –, remercie machinalement, se sent plutôt bien, légère et un peu grise, malgré le symptôme toujours présent, arrogant, indéboulonnable.

Il faut maintenant patienter quelques jours pour voir si la peau se révèle moins sensible, j'ai extirpé de votre organisme un certain nombre d'éléments néfastes ; de puissants esprits animaux vous ont visitée pendant le soin, prenez le temps de repenser au tatou et au porc-épic, pensez à leurs peaux.

Après la litanie des médecins, voici venu le temps des chamanes. Ninon entame une nouvelle ronde thérapeutique, retrouvant un peu d'allant à la faveur de ces expériences inédites, menées avec toujours la même opiniâtreté, et rapidement le même scepticisme – l'un n'excluant pas l'autre –, mais elle s'entête comme à son habitude, d'autant plus qu'elle y trouve un peu de répit, quelques alvéoles extatiques, des interludes – il s'agit à chaque séance, selon des modalités qui varient peu, de s'allonger, de s'abandonner, de respirer des parfums capiteux, de faire le vide, d'écouter hagarde des suites répétitives de sons et de mots, d'éprouver des rythmes, des battements de cœur et de percussions, diverses manipulations des articulations, quelques légères torsions de nuque, une imposition des mains sur le ventre, à hauteur de la rate ou de la vésicule biliaire.

Les séances chamaniques ont ceci de profitable qu'elles épuisent Ninon, un épuisement d'une qualité nouvelle ; elle en ressort chaque fois chancelante, fourbue, au mieux laminée par une fatigue dont l'origine, enfin, n'est plus cette infernale douleur mais l'action plus ou moins mystérieuse d'un sorcier ; diversifier la source de son épuisement est déjà pour Ninon un secours, un début de réparation, de reprise en main.

Après avoir visité divers chamanes parisiens en appartement, plus ou moins fantaisistes, nerveux ou pleins de componction, aux inspirations yogiques, indiennes, nenets ou mongoles, après avoir vécu des états de repos et d'agitation aux intensités variables, Ninon, sur sa pente exponentielle et addictive, aspire à des expériences plus radicales, plus dépaysantes encore, loin des espaces rassurants et confinés des chamanes d'intérieur – et à ces extrémités-là, à nouveau, Internet ouvre un accès illimité, il suffit de s'enfoncer dans le dédale ordonné des pages et des hyperliens, de suivre la trace, les ramifications et les renvois, et chaque clic est un pas supplémentaire dans l'épaisseur des savoirs et des pratiques. À Ninon qui s'est retirée du monde physique, Internet offre le maximum d'existence possible.

C'est ainsi qu'elle finit par débusquer un guérisseur dont la page d'accueil, sans fioritures ni photos, rédigée dans un style qu'elle juge impeccable, la convainc immédiatement. Il y est question du chamanisme comme usage thérapeutique de la magie, de nos corps et de la manière dont ils sont reliés les uns aux autres, des perturbations du réel qui résonnent en eux, des halos somatiques qu'elles provoquent, de la maladie comme puissance de désordre qui rompt l'harmonie avec la nature, exprime l'ire et la désapprobation des esprits, et de la guérison qui recompose le corps désarticulé, qui n'est pas l'anéantissement du mal mais une négociation pour rétablir le pacte brisé, l'entente perdue, grâce au dialogue avec les esprits que seuls peuvent mener le guérisseur, le chamane, le prêtre vaudou, ni hommes ni dieux mais conciliateurs, intercesseurs entre les deux mondes, le visible et le caché, se tenant sur le seuil, vibrant aux forces terrestres et aux manifestations célestes.

Le guérisseur se prétend originaire de la forêt amazonienne et officie dans celle de Rambouillet. On s'inscrit en ligne en payant d'avance, cent cinquante euros pique-nique végétarien compris, on est convoqué quelques jours après porte d'Auteuil à vingt-deux heures, et prié de s'habiller chaudement et confortablement. Le site donne peu d'indications sur le déroulement de la cure – un temps collectif et un temps individuel, l'ingestion d'un breuvage, une décharge à signer, un retour au petit matin.

C'est le mois de mai, la nuit est douce, un minibus aux vitres fumées attend la dizaine de participants pour les conduire en forêt. Ninon est arrivée un peu en avance, a donné son nom au chauffeur, pâlot, une tête d'échassier déplumé, qui l'a coché sur la feuille de route, puis observe les autres candidats du coin de l'œil, n'a aucune envie de parler, d'échanger, a perdu l'usage des autres ; ils ont entre quarante et soixante ans, certains semblent se connaître, vêtus de vestes polaires, de chaussures montantes, de pantalons techniques – comme pour un départ en randonnée –, ils sont fébriles et démonstratifs, Ninon les trouve ridicules, se voit tout aussi grotesque au milieu d'eux, les imagine bibliothécaires, profs ou artisans, elle se cale au fond du minibus, écouteurs sur les oreilles, air buté, cet air qui ne la quitte plus.

À cette heure de la nuit on roule fluide jusqu'à la forêt de Rambouillet, puis guidé par le chauffeur du minibus on termine à pied par un petit sentier, en file indienne et dans le silence juste crevé par le hululement d'une chouette, le craquement des brindilles, on apprend que le chamane attend au bout de ce sentier, on est impatient et plein d'appréhension, on découvre un immense tipi de peaux dressé sous la lune.

Si la cure a lieu en forêt c'est que les esprits n'aiment pas la ville, n'aiment pas la lumière et l'électricité, c'est qu'en ville les esprits se heurtent à un mur invisible : le monde immatériel dans lequel nous baignons inconscients et vulnérables, celui des ondes électromagnétiques, celui des virus, du dioxyde de carbone, un air néfaste qui sature tout l'espace et empêche les esprits de se manifester. Ici, en forêt, les esprits sont dans les meilleures conditions, la forêt est le milieu le plus favorable à leur expression – car ce qui caractérise cet invisible-là que nous venons chercher, que vous venez chercher cette nuit, c'est qu'il apparaît, à certaines personnes seulement et sous certaines conditions, mais il apparaît, il pénètre le monde visible, devient accessible à la perception.

Le chamane a parlé, tous ont écouté avec un respect affecté. Il se tient au centre du tipi, assis en tailleur, un homme précocement ridé, cheveux longs ramenés en chignon sur le haut du crâne, barbe fournie, il porte un pantalon treillis, des sandales de cuir et une tunique de coton. Il fait signe aux participants de s'asseoir en cercle, sur de gros coussins remplis de billes massantes.

Le regard vif de Ninon filtre les lieux : un brasero, dont la fumée s'échappe par une petite cheminée de zinc, rougeoie dans un coin, un samovar est posé sur une table de camping, des lampes-tempête éclairent faiblement l'espace, le tipi est encombré de dizaines d'objets – ustensiles de cuisine, visages sculptés aux yeux féroces, totems vaudous –, un long bâton orné de colifichets – plumes, clous, cordelettes, griffes d'aigle et bec de canard – est planté dans le sol et, au pied du bâton, une calebasse remplie d'huile. Sur le pilier central du tipi sont fixés des cornes de bélier qui éloignent le danger, des piquants de hérisson qui protègent des blessures, et une peau de grenouille séchée qui apporte paix et fécondité.

Le chamane brandit maintenant une statuette vaudou d'environ un mètre de hauteur, invite l'assemblée, attentive et un peu perdue, à faire silence, et commence d'une voix suave et décidée – cette voix de thérapeute que Ninon identifie à nouveau dès la première note : admirez à présent cette statuette en bois de karité enserrée de petits cadenas, remarquez en particulier ces taquets liés les uns aux autres et fichés à hauteur des oreilles, de la poitrine et du bassin. Sachez que la statuette a été enduite de sang sacrificiel pour provoquer chez l'adversaire divers maux – mutisme, suffocation, douleurs au ventre, stérilité. Soyez également attentifs aux éclats de miroir, aux perles, aux dents, et surtout aux liens et aux chaînes qui sont ficelés au corps, comme autant d'entraves. Les liens autour du bas-ventre anéantissent la puissance sexuelle, ceux autour de la poitrine bloquent la respiration, autour des jambes ils paralysent, autour du cou ils rendent aphasique, et enfin cette petite mâchoire animale ligotée à l'abdomen a pour objet de faire taire un témoin gênant. Si on enlève tous les taquets, si on défait tous les liens, alors l'ennemi retrouve la parole et ses souffrances se dissipent.

Le groupe s'enfonce un peu plus dans le silence et les gros coussins à billes, dehors la nuit bruisse à peine, les visages sont tendus par la fatigue et par l'excitation, rougis par la chaleur enveloppante du brasero, ça sent le musc et la bruyère, Ninon frissonne, vaguement inquiète, ne pense plus à cet instant à la douleur de sa peau, au contact de sa chemise en jean sur ses bras, mais se demande ce que contient le sac en papier que le chauffeur du minibus lui a tendu tout à l'heure en faisant l'appel : un paquet de chips et une banane ou quelque plante psychotrope réduite en poudre pour accélérer la transe ?

Voilà comment les choses vont se dérouler : vous allez passer la nuit dans ce tipi, au chaud, vous êtes invités à vous allonger, à vous détendre, à dormir si vous en avez envie, à vous servir en jus d'hibiscus au samovar, à parler à voix basse si vous souhaitez échanger. Je viendrai vous chercher un par un, par ordre alphabétique, pour la cure qui aura lieu à l'extérieur, puis je vous ramènerai au tipi. Et le minibus vous redéposera demain matin vers sept heures porte d'Auteuil.

En attendant d'être appelée Ninon s'allonge près du brasero sur une peau d'ours synthétique, bientôt somnole, bercée par les chuchotements. Il est quatre heures quand le chamane prononce son nom – j'appelle Ninon Moise –, elle se lève d'un bond, se frotte les yeux, répond par un hochement de tête, ils sortent en silence. Dehors l'air est frais, piquant et odorant, ravive les esprits, Ninon suit le chamane qui disparaît dans la forêt sans se retourner, tête basse, d'un pas souple de chasseur.

On dit qu'il faut y croire pour que la magie noire opère mais n'est-ce pas à force d'accomplir les rituels religieux que l'on finit par avoir la foi ? La répétition devient une habitude, devient une seconde nature puis la première, le corps mène l'esprit, l'emporte dans son mouvement – à force de faire on croit à ce que l'on fait –, alors Ninon agit, se contente d'agir, se met à cet instant dans les pas du guérisseur, enchaîne une somme de gestes, meut son corps et reçoit à proportion de ces mouvements des informations sensorielles, des émotions qui sont des événements, elle est un assemblage de pistons et de courroies de transmission, une mécanique soumise à des forces, des intensités et des fluides ; et avoir la foi ou pas ne changera rien à cette affaire machinique.

Ninon ne se demande pas si le monde invisible évoqué par le chamane existe vraiment, si les esprits sont des inventions, ils sont l'occasion d'une nouvelle expérience et c'est tout ce qui compte ; s'il y a une texture de l'invisible elle le saura bientôt, son corps l'éprouvera sous les arbres de la forêt de Rambouillet. Elle a froid, la nuit crépite, le sol est meuble sous leurs pas, la voix ferme du chamane résonne : salut à celui qui vient dénouer l'énigme des enlacements, chaque fois qu'on défait un nœud on sort un dieu. Un corbeau pousse un cri sordide, les yeux de Ninon s'habituent à l'obscurité, le noir devient gris et bleu, elle n'a jamais vécu ça, c'est donc que la magie a commencé son œuvre.

Ils arrivent jusqu'à une clairière, sous un faible croissant de lune, se font face, Ninon suit les indications silencieuses du guérisseur, quelques gestes, des regards, ils s'agenouillent à un mètre l'un de l'autre. Le chamane parle enfin, demande à Ninon de lui raconter, qu'est-ce qui t'amène ? Et Ninon raconte, sans préventions, sans rien omettre, la famille, les médecins, l'échec des traitements, la solitude, en détail, un long monologue, encouragée par les murmures d'approbation du chamane.

Quand elle se tait il saisit ses mains : tu as injurié un esprit et je vais tenter de réparer cet outrage, d'apaiser l'esprit malin, de rétablir l'harmonie, le mal n'est pas en toi mais autour de toi, le mal est dans le lien rompu.

Malgré son insubmersible bonne volonté, à cet instant Ninon décroche, écrase un rire au fond de la gorge – un type déguisé en sorcier qui la regarde droit dans les yeux d'un air pénétré, un piège idiot dans lequel elle s'est fourrée toute seule, le froid, la nuit, la forêt hostile, un film.

Elle s'efforce aussitôt de revenir, de réintégrer la scène, regarde le beau ciel étoilé, inspire fort, se concentre, sur le motif de sa présence, son allodynie résorbée dans aucune explication – refus de la malédiction familiale, échec de la rationalité médicale assignant une cause à tout effet –, sa souffrance sans raison à laquelle elle tâche, bon petit soldat, de ne pas trop penser pour ne pas devenir folle.

Et Ninon se rétablit, se coule à nouveau dans l'obscurité, la forêt, le chant des oiseaux nocturnes, la voix de cet homme – chamane, sorcier, magicien ou guérisseur peu importe – qui lui propose maintenant de replacer sa vie dans un enchevêtrement de sens, non plus celui étroit et monolithe de la généalogie ou de la symptomatologie, mais celui, sans limites, de la terre et du ciel, élargi aux plantes, aux bêtes, aux esprits, aux fantômes et aux défunts. Alors que les médecins l'ont méthodiquement dissociée, diagnostiquée comme un cas à part, insoluble, le chamane propose cette nuit de la relier au reste du monde, de l'installer enfin au cœur du bordel ambiant.

Ils sont toujours agenouillés l'un en face de l'autre, Ninon, engourdie, commence à se tortiller, le chamane a lâché ses mains mais pas son regard : Ninon, sache que l'intuition est le langage par lequel les esprits nous envoient des messages, il faut écouter, si tu ne suis pas ton intuition tu réveilles leur colère, et ils te causeront toutes les souffrances du monde pour exprimer clairement cette colère, ils hurleront pour que cette fois tu les entendes bien, pour que tu sois enfin attentive. Les esprits hurlent dans ta peau. C'est ton intuition qui fait défaut et nous allons la réactiver ensemble.

Après un temps, celui sans doute nécessaire à la pénétration des mots dans la substance molle de Ninon, le chamane lui demande de relever les manches de sa chemise pour voir sa peau. Ton mal est invisible – aucune trace à la surface de tes bras –, c'est pourquoi seul l'invisible saura le combattre. La solution, elle aussi, est invisible, immatérielle, insoupçonnable.

Le chamane frappe dans ses mains, un merle surpris s'envole, fait enfin signe à Ninon de se relever, s'étire en bâillant : la cure aura lieu en deux étapes, suis-moi.

Ils empruntent à nouveau un sentier étroit sur deux cents mètres, cernés par la forêt qui s'assombrit encore, arrivent dans une seconde clairière, de la circonférence d'une petite piste de cirque et au centre de laquelle un trou a été creusé, comme une tombe peu profonde – cinquante centimètres de profondeur, un mètre quatre-vingts de longueur, à peine un mètre de largeur. À partir de maintenant tu dois te taire, te laisser faire, suivre mes instructions et tout se passera bien.

Ninon est invitée à s'allonger dans ce trou dont le fond a été tapissé de mousse et de fougères, elle s'exécute sans appréhension, toute à son affaire désormais, elle sent l'humidité à travers les vêtements, une pression douloureuse à l'arrière des bras, qu'elle croise sur sa poitrine, elle ferme les yeux, le chamane recouvre alors son corps d'une fine couche de terre, Ninon ne moufte pas, puis il sort de la poche de son treillis une sorte de hochet à percussions, un asson apprend-on, formé d'une calebasse sur laquelle sont fixées des guirlandes d'ossements, de perles et de coquillages.

Ninon respire l'air parfumé de la forêt, s'enfonce dans son lit d'humus tandis que le chamane joue de l'asson et danse autour du trou, martelant le sol de ses pas lourds, annonce qu'il va créer une onde de vibrations – la nature alentour vibre grâce aux mouvements continus des électrons, je vais capter ces vibrations, les faire revenir vers toi, pour que tu vibres à nouveau, que tu vibres au contact des autres, de leur peau –, il frappe la terre de plus belle, secoue l'asson en rythme, accélérant le mouvement de sa danse syncopée, tourne autour de Ninon, impavide, attentive, espérant, guettant une quelconque manifestation de son corps qui pour l'instant n'exprime rien si ce n'est la brûlure habituelle de ses bras, alors le chamane joue, court, danse de plus en plus vite, fouette l'air, une vibration monte enfin, un vortex ondulatoire né de l'entrechoquement des ossements et des sauts dansés de l'homme qui retombe à terre, l'espace se met à trembler discrètement, la nuit à tourbillonner, c'est du moins ce que perçoit Ninon, le chamane tourne encore et encore, Ninon pousse un cri d'oisillon étranglé, se sent vibrer, d'abord une onde basse, un faible voltage qui fait grésiller sa chair, puis ce sont des tremblements plus vifs, des spasmes dans le ventre et les membres, Ninon serre les poings, bloque sa respiration de peur de perdre la sensation, s'y accroche, offerte à l'électricité, le chamane donne de la voix, une plainte venue du fond de la poitrine, des sons gutturaux inarticulés qui accompagnent les pulsations de l'asson, et Ninon pousse un grognement involontaire, elle ne reconnaît pas sa voix, saisit à peine que ce cri vient de sortir de son corps, s'ébroue, un dernier soubresaut puis glisse dans une poche noire et lointaine au-dessus de la canopée, un cocon, s'y recroqueville et s'y déplie, envoûtée par l'étrange mais réconfortante sensation d'une métamorphose animale, ses jambes comme les pattes d'un loup, fines et musclées, son nez qui s'élargit et s'allonge comme une truffe, des poils qui couvrent son corps, formant une seconde peau, chaude et protectrice, le sentiment d'un éclatement et d'une reformation, d'une dépossession et d'une renaissance dans un autre corps, un étourdissement qui grandit puis les larmes, le chamane les guettait, un flot accompagné de hoquets, de reniflements sonores et morveux, Ninon laisse s'écouler la peine et la fatigue.

Le chamane s'est allongé au bord du trou, juste au-dessus de sa patiente, Ninon l'entend respirer bruyamment, essoufflé, cela dure un peu, chacun reprenant ses esprits, leurs pulsations cardiaques épousant finalement la paix nocturne de la forêt.

Ça va aller Ninon ? On peut passer à la deuxième étape de la cure ?

Ninon s'assoit péniblement, essuie ses larmes, ça va, se redresse, sonnée, s'extrait du trou, d'abord à quatre pattes, il lui semble que la nuit commence à faiblir – apparition de nuances de gris et de mauve –, que l'aube n'est plus loin, elle fait quelques pas, chancelante sur ses jambes redevenues humaines, mais elle n'a plus froid.

Le chamane lui saisit le poignet, viens c'est tout près, ils marchent, vacillants, jusqu'à une minuscule cabane faite de branchages et de fougères dans laquelle on se glisse courbé comme dans un igloo. À l'intérieur on ne tient qu'assis, à trois ou quatre maximum, Ninon s'est installée en tailleur, tâche de se remettre, le chamane sort de sa poche arrière une lampe torche qu'il braque sur un coffre dissimulé sous quelques branchages, contenant deux couvertures en laine polaire, une bouteille pleine d'un liquide cuivré et deux petits verres à liqueur.

Tenant la lampe torche entre ses dents, il ouvre la bouteille avec précaution et remplit les deux verres, nous allons boire ensemble de l'ayahuasca, c'est un breuvage thérapeutique à base d'écorce et de tiges de liane, tu verras c'est un peu amer à la première gorgée mais on s'habitue vite. Ninon, cette fois inquiète, demande d'où vient la bouteille et quels en sont les effets. Tu n'as pas à avoir peur puisque nous allons boire ensemble, ça vient d'Amazonie, c'est destiné à te purger et à réveiller ton intuition défaillante, fais-moi confiance c'est un breuvage reconnu, utilisé depuis des siècles par les chamanes du monde entier.

Ninon, encore affaiblie et confuse, prend le verre avec méfiance, le chamane avale une première gorgée, alors elle boit d'un trait, le jus âpre de la jungle amazonienne lui donne un violent haut-le-cœur, il faut pourtant en boire deux autres doses pour que l'effet soit garanti.

Ils ont tout bu, le liquide laisse un goût désagréable et persistant dans la bouche de Ninon, on s'extrait de la cabane, on s'enroule dans une couverture, il faut attendre trente minutes que l'ayahuasca agisse, recroquevillés à quelques mètres l'un de l'autre ils patientent les yeux perdus dans le vague.

Ninon a peur, se demande ce qu'elle fait là, ce qui lui a pris, guette les effets de la boisson infernale, échangerait bien quelques mots avec le chamane qui a fermé les yeux et se tient immobile, roulé en boule. Elle égrène les minutes en se balançant doucement d'avant en arrière, quand soudain ça vient, ça enfle, ça déferle même, des taches blanches devant les yeux qui trouent l'obscurité, des visions multicolores en mouvement, des filaments dorés, la transe qui monte à nouveau, cette fois déclenche une hypertrophie des sens, vue perçante et ouïe amplifiée, Ninon entend les pas des fourmis dans l'écorce, le bruit d'une feuille qui tombe, le crépitement des rayons de lune, elle a froid de nouveau – l'impression sinistre d'être couverte de serpents à la peau visqueuse et glacée – puis trop chaud, est envahie de terreur puis de courage, passe d'un état à l'autre en un fragment de seconde, son corps s'est comme évaporé, tous ses organes dissous dans la nuit, Ninon n'est plus qu'un cerveau flottant entre les branches des arbres et qui observe le monde, affûté, guettant une proie, prêt à décocher sa flèche, une masse gélatineuse en apesanteur, légère, mobile, extralucide.

Elle se sent fondre, disparaître, puis voler, l'extase ; mais trois minutes plus tard c'est la chute, son corps se reforme brutalement, réinvestit sa place terrestre, dense et lourd, un sac de sable, il gonfle, épouse les contours de la forêt, explose hors de ses limites, déchire son enveloppe, excédant l'espace trop réduit de chair et d'os que délimite la peau, et s'élargit enfin aux dimensions de l'esprit – comment nos corps si étriqués peuvent-ils loger des esprits si vastes ?

La question, abyssale, n'a pas le temps d'effleurer la conscience de Ninon, qui se met à vomir ; l'ayahuasca produit son effet de purge – que s'est bien gardé d'annoncer le chamane –, les vomissements signalent la fin de la transe, l'expulsion du mal, le retour à la normalité. Quelques mètres plus loin le chamane vomit à son tour, convulse, Ninon panique, il est couleur plâtre, son visage est défiguré par des rictus de souffrance ; il la rassure d'un geste de la main, ne t'inquiète pas, se détourne.

Ninon a renoncé à tout échange depuis si longtemps, mais à cet instant elle n'est plus seule au monde, et pleine de gratitude pour le chamane, pour son engagement, pour la souffrance commune, partagée, qui la bouleverse, elle songe à tous ces médecins qui l'impressionnaient tant, figures d'autorité lointaines et désincarnées, à leur savoir qu'elle juge si froid aujourd'hui, et elle regarde cet homme qui se tient le ventre, concret, puissant, qui a investi son corps aux côtés du sien, dansé jusqu'à l'épuisement, bu l'ayahuasca avec elle, qui crache encore une bile acide dans l'espoir qu'elle guérisse, elle marmonne quelques mercis émus, lui sourit timidement, ils vont mieux maintenant, couchés en chien de fusil sur leurs couvertures, ils prennent encore quelques instants, c'est fini, la cure est terminée Ninon.

Ils empruntent le sentier à rebours, Ninon, encore nauséeuse, se met à nouveau dans le sillage du chamane dont la silhouette se précise à mesure que le jour se lève, elle lui décrit tant bien que mal les sensations vécues pendant la transe, les tremblements, la dissociation, l'animal, les hallucinations, tandis qu'il marche d'un pas de plus en plus soutenu. Arrivés à l'entrée du tipi, le chamane serre chaleureusement la main de Ninon, la félicite, pour son courage, sa résistance à la sauvagerie de la douleur, lui glisse quelques mots à l'oreille et disparaît. Il reste encore un peu de temps pour se réchauffer, boire et manger, se reposer avant de reprendre le minibus vers Paris, sous le tipi tout le monde dort, les corps sont lourds, les sommeils agités, Ninon se sert une infusion d'hibiscus au samovar, engloutit son pique-nique, fruits secs et sandwich concombre-emmental, n'en revient pas de ce qu'elle a vécu, même si tout se brouille déjà dans son esprit, commence à prendre la texture incertaine des rêves, et que seul le goût infâme de l'ayahuasca témoigne que quelque chose d'inhabituel a bien eu lieu.

La petite troupe si excitée à son départ de Paris est hagarde et grave au moment où on la débarque porte d'Auteuil, il est huit heures, tout le monde se disperse sans un mot ni un regard, chacun est pressé de rejoindre sa chambre, son lit, de se retrouver seul pour écluser l'étrange nuit, y revenir calmement, s'assurer qu'on n'est pas devenu complètement fou, qu'on est bien resté de ce côté-ci de la vie.

Ninon somnole sur un strapontin du métro, indifférente à la masse des voyageurs qui l'enserre, elle sent le contact brûlant de la chemise encore humide sur sa peau, la douleur qui grogne, elle est trop épuisée pour s'en émouvoir, et ne s'en étonne pas, ne s'attendait pas vraiment à guérir, pour le moment est satisfaite de l'expérience, s'en contente, blocs de sensations et de mystère, états modifiés de la conscience, les capacités élargies du corps, l'advenue d'autres souffrances, et encore une fois ce soulagement d'avoir mal ailleurs, le déroutage salvateur de l'attention, un circuit dérivé vers d'autres zones de soi.

Bercée par le roulis strident de la rame, galvanisée par sa nuit blanche et hallucinée, Ninon se sent pleine de force et d'audace, auréolée du prestige de l'épreuve, et à cet instant pas loin d'être heureuse.

Ninon n'est pas guérie bien sûr mais la guérison est-elle encore l'objectif ?

Le chamane a mis en garde contre l'intelligence, l'arrogance et la complaisance de l'intelligence, cette machine autarcique, il a recommandé de renforcer le cerveau intuitif, de ralentir le cerveau spéculatif. Ninon ne voit pas très bien comment inverser le mouvement, ni vraiment ce que le chamane entend par là, mais ce qu'elle ressent depuis le début, depuis le premier matin, est bien une intensification de ses facultés cérébrales, dopée aux shoots de réalité que provoque la douleur.

Elle n'a pas dormi depuis plus de vingt-quatre heures, vient de passer une nuit éprouvante en forêt, s'allonge enfin sur la moquette de sa chambre, ferme les yeux, concentrée sur son souffle, se remémore un exercice de respiration par le ventre, inspiration et le ventre se gonfle, expiration et il se creuse, le nombril s'enfonce, s'étale vers le sol, inspire expire à la recherche de la boucle parfaite, du mouvement continu, sans accrocs, lent et régulier, jusqu'à ce que la respiration devienne imperceptible, action minuscule du corps, pensée désactivée, chair décrispée, réduite à l'état de souffle, pour s'amenuiser, rendre sa propre existence la plus discrète possible, et dégager peut-être un passage à l'intuition.

Ce fut une présence forte, qui marqua l'enfance de Ninon, une figure particulièrement impressionnante, et bouleversante, de la malédiction familiale, celle de Louise Tempe, mère d'Esther Moise, peut-être la plus belle et la plus admirable au milieu de cette profusion de récits, de cette débandade où la folie rôde, hante chaque femme au moment où elle donne naissance à sa première fille.

Pour Ninon, cette grand-mère singulière et mystérieuse faisait figure d'oracle, de magicienne, souveraine d'un monde invisible et parallèle – et son histoire est inouïe.

Louise Tempe fut frappée d'une manière particulièrement cruelle, par une cécité et une surdité définitives. Elle devint subitement sourde et aveugle quelques semaines après son quinzième anniversaire, sans aucune raison médicale avérée. Le monde se déroba, il fallut réapprendre à vivre privée de deux des cinq sens, à vivre dans le silence et l'obscurité, ne plus entendre mais continuer à parler, ne plus voir mais continuer à se représenter la réalité.

Ninon aimait cette grand-mère héroïque et rigide, qui se tenait toujours très droite, hiératique, s'exprimait d'une voix hachée et lente, sans pouvoir accéder à ses propres mots si ce n'était sous la forme de légères vibrations, qui roulait ses yeux éteints, ronds et lourds comme des calots.

Louise racontait que les sourds ne vivent pas dans un silence absolu, qu'un bruit constant occupe leur crâne, un bruit qui prend des teintes et des fréquences variables en fonction des heures du jour et des humeurs, qui va d'un très léger chuintement au pire des sifflements en passant par des grincements ; elle disait que parfois le bruit est si assourdissant qu'on croit devenir fou, qu'on secoue sa tête en tous sens, qu'on s'asperge d'eau pour le faire cesser.

Elle racontait aussi à Ninon que les aveugles ne sont jamais dans le noir complet, que devant leurs yeux passent des tons particuliers, des volutes de couleurs, des points lumineux, des taches plus ou moins délavées qu'on voudrait fixer mais qui disparaissent aussitôt, qu'une multitude de petits événements surviennent à chaque instant sur les pupilles des aveugles, sur les tympans des sourds. Elle s'efforçait d'expliquer la cécité à une enfant, de suggérer l'irréductible expérience, et c'était comme si elle récitait un poème, elle la comparait à un fleuve profond et opaque qui coule lentement sur des milliers de kilomètres, silencieux, calme, et qui s'achève sur un grand lac noir, elle parlait aussi de vagues et de gerbes d'eau qui parfois agitent la surface du lac, elle disait : ce sont les violentes crises de panique des aveugles.

Louise Tempe fréquentait d'autres emmurés vivants, les appelait mes frères et sœurs d'infortune, elle attrapait leurs mains, les serrait longuement avant de les porter à sa tête pour qu'ils décodent le modelé de son visage, découvrent la forme de son crâne, apprécient la texture de ses cheveux, puis faisait de même, palpait à son tour, elle les prenait dans ses bras et par la main, maintenait tou-

jours le contact, car quand l'œil ne voit plus, que l'oreille n'entend plus, seule la main permet de ne pas perdre le monde, sa main continuellement posée sur celle d'un autre – la lâcher c'était se trouver projetée à des centaines de kilomètres, c'était le puits sans fond de la solitude, c'était une embardée hors du territoire des vivants.

Ses mains, veineuses, manucurées, que Ninon examinait comme des trésors, étaient devenues le plus essentiel des organes, toute parole passait par la peau, et pour communiquer Louise Tempe avait appris un alphabet digital complexe, inscrit sur la paume. Quand elle tomba malade, loin de se décourager, Louise chercha à mémoriser le plus vite possible cette technique de communication tactile, l'alphabet de Lorm, une série de traits et de points à l'intérieur de la main qui figurent les lettres : la paume et les doigts se couvrent de touches invisibles sur lesquelles on exerce une série de petites pressions – on tapote, on effleure, caresse et pianote pour former des mots, du sens.

Louise enseigna d'abord ce langage à son mari, René Moise, parfaitement valide mais mort prématurément à cinquante-cinq ans dans un accident de voiture, puis à sa fille Esther, et enfin – quelques rudiments – à sa petite-fille Ninon. Il faut retenir que le A est un point sur le haut du pouce, que le G s'obtient par un frottement court au milieu de l'annulaire, le P par un frottement long vers le haut à l'extérieur de l'index, le S en traçant un cercle au creux de la paume, que le K est un point avec quatre doigts sur la paume, le Z une ligne oblique de la base du pouce à la base du petit doigt – un alphabet qui exige beaucoup de concentration pour identifier en un éclair l'emplacement de chaque lettre, les enchaîner et dessiner des phrases. Alors que sa grand-mère pouvait écrire soixante-quinze syllabes par minute, Ninon réussit péniblement à en former trente, mais ce fut assez pour échanger quelques informations et quelques sentiments, une réduction à l'essentiel.

Louise la sourde aimait aussi emmener sa petite-fille au concert ; elle captait les vibrations des instruments à vent et à cordes, attrapait alors le bras de sa petite-fille et battait la mesure. Parfois Louise demandait à Ninon de faire tinter une cloche tout près de son oreille, ou de poser sur son ventre une radio, volume au maximum, pour sentir palpiter dans ses intestins les mouvements des ondes.

Louise voulait toucher sans cesse et goûter et sentir, elle aimait excessivement le whisky, le parfum de l'encens, le froid et le chaud, le sec et l'humide, les bains de mer et le vent, elle aimait les jardins botaniques, effleurer les cactus surtout. Un jour en visite au zoo, quelques mois avant sa mort, alors que Ninon avait seize ans, un soigneur déposa un petit singe capucin dans ses bras : elle serra si fort l'animal qu'il fut pris de panique, se débattait, poussait des cris stridents, mais Louise refusa obstinément de le lâcher, lui saisit les mains et, comme elle le faisait avec les humains, d'autorité les porta à son visage, les plaqua fermement contre sa peau, et le contact du cuir du capucin sur ses joues lui procura une joie aux larmes.

Cette femme se tenant à la fois si loin, dans l'isolement de sa condition physiologique, et si proche, sa main toujours au contact des autres, cette descendante de Marie la folle dansante, et qui elle aussi a transmis le mal à sa fille Esther après l'avoir reçu et lentement digéré, déclara à sa petite-fille, un de ces rares jours d'abattement, de sa voix malhabile et heurtée : si une guerre mondiale éclatait je ne m'en rendrais même pas compte.

Ninon a repris ses études par correspondance, espère désormais passer le bac en candidat libre, limite toujours son existence à l'espace de sa chambre, le terrier d'un animal nocturne et fragile, semble avoir oublié sa vie d'avant, cohabite avec sa mère dans cette ambiance délicatement dépressive et résignée – elles prennent toujours rarement leurs repas ensemble mais regardent parfois un vieux western en fumant deux ou trois clopes mentholées accompagnées d'un pot de glace vanille-noix de macadamia –, compte sur le temps qui passe pour que quelque chose advienne, l'acceptation définitive de sa condition, dont il faudra épouser la forme douloureuse et solitaire, ou bien la guérison, non pas permise par un thérapeute quel qu'il soit – après une seconde expérience de transe chamanique qui a produit cette fois des effets très atténués, Ninon a abandonné aussi cette piste – mais par un mouvement interne et inespéré de son corps, un processus secret peut-être lié au vieillissement de ses cellules, ou à la fin de l'adolescence qui sait, peut-être que parfois la vie se répare elle-même, processus d'anéantissement et de guérison – alors Ninon attend.

Et les jours défilent invariablement, au même rythme ralenti et ouateux, cela fait deux ans maintenant, le contact de l'eau, des draps, des vêtements sur sa peau ne cesse pas de l'irriter, mais on dirait bien que la douleur s'amenuise, décroisse légèrement au fil des jours, de telle sorte que Ninon délaisse parfois le tabouret inconfortable sur lequel elle a pris l'habitude de s'asseoir pour lire, manger, regarder un écran, préservant sa peau des contacts, et s'installe à nouveau dans le canapé du salon ou sur un fauteuil, bras calés sur les accoudoirs.

Au début elle n'est sûre de rien, reste circonspecte, se dit que ce mystérieux affaiblissement n'est que l'effet accentué de sa familiarité avec la douleur, autrefois saillante et aujourd'hui intégrée à ses sensations habituelles – faim, soif, froid, nuque qui gratte et bras qui brûlent –, acceptée comme une modalité commune de son corps, une douleur à soi et non plus étrangère, comme si le mal, à force, s'était fragmenté, disséminé, devenu soluble, poussière à la surface de la peau. Une familiarité installée donc et, selon Ninon qui s'envisage désormais comme un monstre froid, une insensibilité grandissante – émotions désactivées, vie affective racornie, tombée en cendres ; si endurcie par l'épreuve que la douleur elle-même se serait desséchée comme un arbre mort.

Mais il semblerait que le symptôme continue de s'amenuiser, franchement, objectivement, chaque jour un peu plus, et soit à présent hors de toute proportion avec ce que Ninon a connu.

En quatre semaines, un mois d'hiver qui l'oblige à se couvrir malgré le chauffage poussé à fond dans l'appartement, il devient indubitable que l'allodynie a décru puis disparu. Sans raison, sans traitement, sans signes annonciateurs, sans aucun changement dans la vie de Ninon, aussi mystérieusement qu'il était venu, le symptôme s'est évaporé. Un matin de février, Ninon ne ressent plus aucune douleur, pas l'ombre d'une gêne, c'est vertigineux.

Ninon, sidérée, est d'abord incapable de se réjouir, guette le retour du mal à chaque instant, ne cesse de vérifier, frotte sa peau au gant de crin, et finit par se rendre timidement à l'évidence au bout de deux semaines, sans se départir toutefois d'une certaine méfiance – ça peut toujours revenir cette saloperie.

À l'œil nu sa peau est la même, d'une pâleur égale, elle la scrute à la lumière vive de l'ampoule, c'est à devenir fou, que la survenue de la guérison soit aussi obscure que celle de la pathologie, qu'être en bonne santé soit aussi extravagant qu'être malade.

Se peut-il que la maladie se soit tarie d'elle-même ? Comme si sa présence dans le corps, ces tensions, ces brûlures, cet envers noir, cette agitation sourde s'étaient finalement épuisés, comme si le mal avait jailli telle la lave d'un volcan avant de s'éteindre naturellement, flux et reflux, éruption et refroidissement.

Ninon a cessé de souffrir.

Après tout ce temps, après la multitude des entreprises thérapeutiques, l'enquête sans fin, les emballements, les hypothèses, les tentatives, les échecs, les folies, le désespoir, le renoncement, la déprise peut-être, Ninon n'a plus mal, c'est tout, c'est comme ça, sans un mot sans un médicament sans un électrochoc, c'est passé, ça a fini par passer, le corps est revenu à son fonctionnement normal, son état idéal, état inhabituel en réalité, troublant, pas encore euphorique, car quel soulagement mais quelle étrangeté que de ne plus souffrir, il faut retrouver la fluidité des gestes et des déplacements, qui étaient devenus si précautionneux, retenus et mesurés, il ne faut plus avoir peur des contacts, désactiver la surveillance, pour que la vie s'élargisse à nouveau, qui était si rétrécie, si empêchée, pour qu'elle s'abonde à nouveau de mille possibilités.

Ninon est perdue, pressent qu'il lui faudra du temps pour rejoindre cette vie – elle n'a encore rien dit à sa mère, c'est difficile –, passe plusieurs jours recluse comme avant dans sa chambre afin d'encaisser le choc inouï de la guérison, de se reconfigurer, de renoncer à l'allodynie, une identité perdue, d'oublier la douleur qui avait fini par la résorber tout entière, avait tracé les lignes de son existence, de son corps, celles de son tempérament assombri et affûté, soumis sa personnalité, redéfini sa vie, et finalement lui avait inventé un destin, même si malheureux, c'était son mal, profond, insécable de son être, Ninon est bouleversée par cette disparition, et cette émotion malgré elle la met en rage, rage de s'être attachée à sa douleur comme à une affection, honteuse de cette inclination tordue, car Ninon guérie n'est plus ce qu'elle était, n'est plus la splendide anomalie, s'apprête à rejoindre le monde lisse et pacifié des individus en bonne santé, à réintégrer la communauté des vivants – c'est ce qu'elle dira à sa mère, c'est ainsi qu'elle lui annoncera : joie de la rémission, trouble de la perte.

Esther Moise reçoit l'extraordinaire annonce sans même s'étonner, serre sa fille dans ses bras, peut enfin l'étreindre sans lui faire mal – et Ninon gênée se laisse embrasser –, dit c'est bien ma fille je suis contente, dit peut-être que moi aussi je guérirai un jour, pense qu'elles vont enfin se retrouver, que tout va s'arranger, dit j'avais confiance, dit je suis fière de toi, dit n'importe quoi, ce que tu as traversé, comment tu l'as traversé, pleure, un peu, et Ninon finit par se dégager, ne peut pas partager l'émotion de sa mère, s'y hisser, ça ne vient pas, les yeux restent secs, pourtant elle tremble, une envie de vomir, et maintenant ? qu'est-ce qui va se passer ? un vide et une chaleur dans le ventre, l'excitation et l'appréhension, l'envie de s'élancer, de pousser un cri de guerre, le trac, immense.

Si la guérison est vraiment là, si c'est définitif – mais combien de temps avant d'en avoir la certitude ? restons prudents –, alors rien n'empêche plus Ninon de retourner en cours, d'aller à la piscine, de prendre le métro, de faire de l'escalade ou de la boxe, de se rouler dans l'herbe, de se frotter aux anonymes dans les bars et sur les pistes de danse, de coller sa peau contre la peau des autres, de toucher tout autre corps, étranger ou familier, animé ou inanimé, dur ou mou, tout est permis, ça coupe le souffle. Il faudra vaincre l'inquiétude, celle de ne plus savoir comment s'y prendre, d'avoir désappris la vie commune, il faudra affronter ce retour au monde et renoncer à la quiétude de l'isolement, mais il y aura l'air qui entre à nouveau dans les poumons et la légèreté retrouvée – pas l'innocence cependant car guérir ce n'est pas tout effacer, revenir à un état initial, guérir ce n'est pas reprendre les choses au début, identiques et préservées, entre-temps tout a bougé.

Guérie, cela se confirme jour après jour, Ninon ne retrouve pas sa mère comme espéré, s'éloigne même davantage, un bloc de banquise qui dérive au large.

Ninon a tué en elle l'animal rampant de l'hérédité, réduit à l'état de dépouille suspendue dans un coin sombre et poussiéreux de sa mémoire, elle a sauté hors du rang des maudits, des tarés, des dégénérés, et se jure de ne jamais avoir d'enfants.

Ninon en est sortie, affranchie de l'histoire familiale par la guérison, laissant sa mère derrière elle, empêtrée et désormais seule, sans descendance ; Esther Moise s'efface du champ, silhouette floutée, minuscule au fond du plan, s'abîme un peu plus dans son travail – accepte toutes les heures supplémentaires –, les paquets de clopes – presque deux par jour à présent –, et les nuits de déambulation qui finissent parfois chez des hommes grisonnants tout juste divorcés ; ce sont des clients réguliers du cinéma et du bar où elle a ses habitudes, Le Petit Cardinal rue Monge, cela dure rarement plus d'une semaine ou deux, ils vont voir des films bien sûr, parfois une exposition de peinture moderne à Beaubourg, boivent quelques derniers verres, et puis la relation s'éteint sans drame, sans heurts – et c'est toute la vie d'Esther Moise qui semble sous l'éteignoir quand celle de sa fille renaît, retrouve sa vitesse.

Ninon obtient un bac littéraire en candidat libre, s'inscrit à l'université en histoire de l'art et anthropologie, s'y fait quelques amis, est embauchée à tiers temps comme serveuse au Starbucks des Grands Boulevards dans l'espoir de gagner un peu d'indépendance financière après ces mois d'errance médicale financée par sa mère, qui a toujours payé sans broncher, heureuse de matérialiser un peu son affection, peut-être de compenser une vague culpabilité.

La vie a repris, le désespoir de la peau s'est dissipé, la guérison confirmée, installée, sans qu'ait été rendu l'avis solennel et formalisé d'un quelconque médecin, mais avec la ferme et toujours irrationnelle conviction qu'il n'y aura pas de rechute, le temps suspendu s'est refermé sur lui-même, petite boule de temps bien dense, à conserver comme une relique. Si la vie a repris c'est que le corps est cette matière miraculeuse, malléable et oublieuse qui retrouve des habitudes qu'on croyait perdues, c'est aussi que Ninon déploie à nouveau cette volonté rageuse qu'elle avait mobilisée pour combattre la douleur ; elle la ranime maintenant pour guérir tout à fait, pour revenir au monde, et c'est une conquête pour s'intéresser à nouveau aux choses et aux autres, se convaincre que le nombre vaut mieux que la solitude, que les discussions autour d'une table de café valent mieux qu'Internet et les méandres de son propre cerveau. Ninon tente de réactiver sa jeunesse au contact de celle des autres, espérant que par capillarité son âge exact se manifeste à nouveau, que les vingt ans de son état civil réinvestissent son corps, qu'elle retrouve le désir de sortir, parler, boire, aimer, circuler.

Mais ni les études à la fac – sentiment de peu d'intensité – ni son emploi précaire au Starbucks – payée une misère à enchaîner les macchiato et les caffè latte en horaires décalés – ne l'enthousiasment vraiment, les amitiés restent en surface, circonscrites aux amphis et à la cafétéria. Si elle s'écoutait Ninon garderait encore souvent la chambre, elle se fatigue vite, se sent lointaine, séparée par un brouillard, s'efforce cependant de suivre à nouveau le rythme partagé et fluide de la vie quotidienne. Elle a vaillamment repris des couleurs et quelques kilos, sa silhouette s'est redressée, elle s'est acheté de nouveaux vêtements, près du corps, pulls serrés et t-shirts moulants, sort volontiers boire des verres après les cours, tâche de prendre un peu part aux conversations, sur les profs aux discours passéistes ou la politique droitière du Premier ministre socialiste, taisant son trouble, masquant un décalage persistant – une fille sérieuse, secrète, mais aussi équanime et attentive, c'est ainsi que les autres la voient, renonçant à percer l'opacité de Ninon, vite absorbée par le mouvement collectif, et le brouhaha des buveurs quand sonne la cloche de l'happy hour.

Malgré ses efforts constants et sincères et le soulagement de la guérison, une émotion suspecte ne quitte pas Ninon, un malaise inattendu, une insatisfaction retorse, difficile à nommer, et qui grandit.

Le soir en rentrant, Ninon souvent se déshabille et torse nu face au miroir observe la peau de ses bras, cette peau retrouvée qu'elle tire, frotte, caresse, pince, masse, mordille, enduit de crème parfumée ; elle ne cesse d'y revenir. Et comme les amputés souffrent de leur membre absent, leur bras disparu et pourtant envahissant, Ninon reste obsédée par l'ancienne souffrance, hantée par son fantôme, une ombre incertaine qui s'efface mais dont elle voudrait, après tout ce qu'elle a enduré, garder le souvenir. Qu'elle ait été si puissante, énorme, une pieuvre, qu'elle ait sucé la moelle de son existence pendant si longtemps, et qu'aujourd'hui il n'en reste rien, aucune séquelle, pas un signe, pas un fragment à conserver, est pour Ninon incompréhensible, et finalement révoltant. Comment cette peau, le parchemin sur lequel s'inscrit toute la vie, a-t-elle failli à enregistrer le dramatique épisode allodynique ?

C'est comme si le vide laissé par la disparition de la douleur devait être comblé, comme si une nouvelle intensité demandait à être activée, comme s'il fallait conserver une preuve de la férocité et de la démesure de l'expérience.

Se sentir amputée non pas d'un membre mais d'une douleur est une forme de folie qui guette Ninon, et dont elle sait qu'il faudra se prémunir.

C'est ainsi que Ninon décide de se faire tatouer.

L'envisage comme un remède aux dérèglements de son être, à cette impression d'inachèvement, à ses penchants obsessionnels.

Nue, de nouveau, devant son miroir, elle observe ses hanches qui se sont élargies, ses seins ronds plantés haut sur le buste, son ventre plat, légèrement concave, sa peau lisse, homogène, vierge, et ses bras encombrants, qui pendouillent de chaque côté du corps et lui donnent un air empoté.

Le tatouage s'est imposé comme un dénouement possible, une idée déposée il y a longtemps déjà, depuis le début de cette histoire peut-être, cette étrange histoire de peau, une idée tapie et encore inaccessible qui patiente au fond de la conscience, un désir vague en attente d'activation et désormais en prise avec ce qui lui est arrivé, avec ce qui lui arrive encore car quelque chose fait toujours défaut.

Le tatouage comme un sésame pour renouer pleinement avec la vie sociale autant que biologique, pour remédier à cette friction, à cet écart qui ne se résorbe pas, ce manque qui insiste. Se faire tatouer les bras, lumineuse et salvatrice idée, la revanche de Ninon, contrarier l'amnésie de la peau qui n'a pas su conserver le souvenir de la douleur mais qui gardera l'encre en mémoire, et tout recommencer – nouvelle peau, identité relancée.

Et aussi parce que c'est beau et que Ninon a été si longtemps privée de la beauté, de la possibilité de jouir de la beauté.

Une fois de plus c'est sur Internet que Ninon cherche son salut, un accès, une réponse, des salons de tatouage il y en a des centaines, elle étudie les photos des lieux, exclut les intérieurs carrelés, froids, les enseignes tape-à-l'œil en néons, les gueules de bikers et les gothiques, elle n'a pas besoin d'un tatoueur expérimenté au trait subtil et délicat, au pointillé nerveux, aux ombres chiadées, car elle n'envisage aucun motif tribal, aucun idéogramme chinois, pas de mandala, de dragon, de pin-up, de serpent enroulé autour d'un poignard, d'ancre marine ou de rose charnue, de papillon, de crucifix dans le dos, de lion sur le bas-ventre, de tête d'Indien sur l'omoplate, de soleil se levant sur le poignet, de sirène ou d'hirondelle, de clé ou de mains entrelacées, ni dessin ni mot, pas d'inscription de date ou de nom, pas de citation mal orthographiée ou de sentence en latin, pas de carpe diem et pas de « PLV » – pour la vie. Et d'ailleurs quel motif ou quelle phrase pourrait-on supporter toute une vie, endurer aussi longtemps que dure le corps, flétrissant et pâlissant avec lui ?

Ninon sait exactement ce qu'elle veut, l'a su immédiatement, n'a pas hésité : recouvrir intégralement ses bras d'encre noire, des poignets à la naissance des épaules, de telle sorte que le tatouage forme comme deux longues manches protectrices, une seconde peau encrée sur sa peau blanche, un aplat qui rende invisible l'enveloppe originelle. Elle imagine déjà la beauté crâne de bras noircis qui prolongeraient son corps blême, des bras étrangers, une présence désaccordée. Ninon se souvient d'une belle image du chanteur Daniel Darc juste avant sa mort, de ses bras encrés fièrement brandis devant l'objectif – c'est ça qu'elle veut. Le tatouage intégral de Daniel Darc recouvrait une multitude d'autres tatouages plus anciens, réalisés au fil du temps, puis regrettés sans doute, devenus inappropriés, ou même insupportables. Mais si Daniel Darc voulait dissimuler, oublier ce qui avait précédé, Ninon entend au contraire révéler l'ampleur de sa peau libérée.

Elle choisit finalement un salon de tatouage tenu par trois filles, vers Pigalle, au parquet clair et aux murs couverts d'affiches de cinéma des années 70. On se déplace au salon pour rencontrer les tatoueuses – d'un abord revêche –, exposer son projet, éprouver sa motivation, fixer un rendez-vous deux mois plus tard et verser un acompte.

La tatoueuse qui reçoit Ninon est une grande fille blonde en jean moulant et t-shirt Nirvana, aux bras striés de fines lignes noires qui remontent jusqu'au cou et se brisent. Une multitude de points et de traits ornent ses phalanges – un point la liberté, trois points mort aux vaches –, la paume de sa main droite est tatouée d'un cœur royal rouge percé d'une flèche, celle de sa main gauche d'un hibou, un minuscule losange est imprimé entre ses deux yeux, et un œil, comme une gravure, a été dessiné sur sa nuque – un œil, dit-elle, gardé sur sa propre mort –, elle a peut-être trente ans.

La tatoueuse interroge Ninon sur son choix, s'étonne de la radicalité de ce premier tatouage, un souhait inhabituel pour une si jeune fille, s'inquiète de regrets à venir. Mais Ninon est sûre d'elle, impatiente, échauffée par la perspective de cet acte irréversible.

La tatoueuse informe qu'une dizaine de séances de trois heures sur plusieurs semaines sera nécessaire, que ça coûtera cher et que ça sera douloureux. Ninon paiera avec les deux mille six cents euros d'économies gagnés au Starbucks, et trouvera bien quatre cents euros supplémentaires à subtiliser dans les diverses cachettes de sa mère.

La tatoueuse conseille enfin de ne pas être à jeun le jour du tatouage, d'éviter de boire ou de se droguer la veille et, dernière chose, demande à Ninon si elle est enceinte. Depuis qu'elle a entendu parler de cette Américaine tatouée à six mois de grossesse et qui aurait accouché trois mois plus tard d'un nouveau-né décoré – la peau du nourrisson portant les mêmes marques que sa mère, du lierre bleu et une tête d'oiseau rouge –, la tatoueuse refuse de s'y risquer à son tour, consciente du ridicule de ses préventions, mais sait-on jamais le corps des femmes est insondable.

Au premier rendez-vous Ninon est nerveuse, même si déterminée, même si coutumière de la douleur, se demande à quoi pourra bien ressembler cette souffrance d'un genre nouveau, quelle sera son intensité, si elle saura la supporter en silence.

La tatoueuse allonge Ninon sur une table de massage couverte d'un drap d'examen et prépare son plan de travail : désinfection chirurgicale des mains, stérilisation au Dettol de la tablette, qui sera emballée de cellophane, préparation du dermographe à bobines, ouverture du sachet d'aiguilles stériles et des capsules d'encre, vaseline, lubrifiant, gants de latex noir, nettoyage vigoureux du bras de Ninon, on commence par le gauche si tu veux bien – un long rituel aseptique qui ramène Ninon à ses consultations médicales passées, à leur souvenir cuisant.

La tatoueuse dépose le bras de Ninon sur un accoudoir, désinfecté lui aussi, braque la lampe-loupe sur la peau, s'approche, son œil à ras, se cale sur un tabouret à roulettes, actionne le dermographe d'une pression sur la pédale du transformateur – bourdonnement d'insecte électrique, une grosse abeille mécanique, une vibration stridente –, le trempe délicatement, porte-plume, dans la minuscule capsule d'encre noire, prête Ninon ? c'est parti.

La tatoueuse travaille en musique, une longue playlist de nappes électro et de soul que ne recouvre pas totalement le ronflement aigu, et à la longue irritant, de la machine à tatouer ; Ninon la regarde faire : tendue, front plissé et bientôt couvert d'un fin voile de sueur, tournant autour de son bras, elle s'interrompt régulièrement pour apprécier la réaction de la peau, essuyer l'encre qui coule, le liquide noir que dégorge l'épiderme, plus ou moins poreux, réceptif, plus ou moins étanche en fonction des zones, pour s'assurer que l'encre est bien absorbée, pour reprendre son souffle aussi, le fil de sa concentration, et pour soulager Ninon – ça va ? je peux continuer ?

Ninon avait imaginé la douleur d'une piqûre, de l'aiguille du dermographe, mais l'instrument ne pique pas, il brûle, c'est une sensation diffuse de brûlure, celle que provoquerait la flamme d'un briquet léchant la surface du bras – une fine lame de feu qui entaillerait sa peau –, un feu proche de celui de l'allodynie, qui réveille son souvenir lointain mais sans violence, presque avec douceur, une réconciliation avec la douleur, réactivée, convoquée pour être enfin dominée. Ninon observe avec satisfaction son corps se noircir, une coloration point par point.

Au bout de deux heures, elles font une pause pour décrisper les muscles, la nuque endolorie de la tatoueuse, des fourmis dans la main de Ninon, fumer une cigarette, recouvrer ses esprits à l'air libre, apprécier la teinte encore brillante de l'encre fraîchement disséminée dans la peau – bientôt elle s'enfoncera dans l'épiderme, perdra de sa noirceur pour virer mate et bleutée.

Quand elles se remettent à l'œuvre, Ninon est tout à fait détendue, légèrement enivrée par les endorphines que produit son cerveau sous les assauts du dermographe, elle n'entend plus le grésillement agaçant de l'outil, ses pensées flottent dans le minuscule cabinet de tatouage, viennent se poser comme des mésanges sur les lignes de basse de la musique, elle voudrait que cela dure, la douleur anesthésiante, un cocon, une capsule, mais pressée, aussi, de découvrir ses bras entièrement couverts, impatiente à l'idée qu'il faudra encore des heures de travail, se sent bêtement et confusément fière, de tout ça, d'une si longue histoire depuis l'enfance, des siècles enroulés dans ses vingt ans, de cette métamorphose choisie, une autocontamination.

Après une séance de trois heures, la tatoueuse a les yeux brillants, le poignet endolori, Ninon est étourdie et heureuse, elle regarde impressionnée la tache noire menaçante qui a commencé à coloniser sa peau, s'étend sous l'épaule, ne pense qu'à une chose, recommencer le plus vite possible ; il faudra patienter deux semaines pour que son bras enflé dégonfle, que les saignements se tarissent tout à fait.

Le tatouage a provoqué chez Ninon une addiction immédiate, addiction à cette douleur si particulière, une douleur sans souffrance, l'endurer est une victoire, une douce ivresse, et Ninon autrefois si vulnérable se sent pleine de force.

Ce corps qui chaque matin au réveil ranimait l'anxiété, se rappelait méchamment à elle, qu'il fallait occuper de nouveau, réintégrer au moment d'ouvrir les yeux, une enveloppe brûlante, ce corps impitoyable, irrémédiable, intransigeant, qu'elle aurait aimé abandonner derrière elle pour fuir droit devant sans se retourner, être là où il ne serait pas, projetée dans un autre espace, intouchable, ce corps qui chaque jour imposait sa présence lourde, la même blessure, une condamnation renouvelée, ce corps, Ninon aujourd'hui tatouée le fait enfin plier, cet ennemi aux airs de faux frère, ce tyran qui nous accule, nous soumet, nous humilie parfois. Cette fois c'est elle qui triomphe, et il est si rare de le voir capituler, ce corps omnipotent dont nous sommes les habitants démunis. C'est le sentiment d'une revanche et d'un miracle, d'une puissance et d'une liberté, et pour l'éprouver encore et encore Ninon serait disposée à se faire tatouer tout le corps.

La tatoueuse enduit enfin la peau de Ninon d'un fluide antiseptique à l'odeur âcre, emballe son bras dans une grande feuille de cellophane, offre un tube de crème cicatrisante à appliquer matin et soir pendant deux semaines, prévient que ça risque de démanger, qu'il ne faudra pas gratter, et laisser les lambeaux de peau morte se détacher progressivement sous le jet de la douche.

L'un des derniers et plus beaux chapitres du récit généalogique, un épisode particulièrement romanesque de l'épopée familiale, raconté avec entrain par Esther, met en scène l'arrière-grand-mère de Ninon.

Rose Flanchet est morte quand Ninon avait quatre ans, mais elle se souvient encore de sa peau brûlée, de la mystérieuse frappe du ciel sur son corps. Quand la vieille femme la prenait sur ses genoux, Ninon tentait de déboutonner son chemisier, de soulever son pull pour découvrir le décolleté flétri et imprimé, pour suivre de son petit doigt potelé les lignes et les courbes de ses tatouages dessinés par la foudre.

Épouse de garde forestier dans le Vercors, Rose Flanchet avait l'habitude de suivre son mari dans ses tournées, entre le massif des Écouges et la forêt de Léoncel, marchant chaque jour des kilomètres avec sa chienne et son bâton, guettant les tétras lyre et les lagopèdes, une femme du dehors avec ses bottines crottées, la gourde d'eau, et la photo de ses enfants dans un médaillon porté à même la peau – c'est ainsi que la mère de Ninon la décrivait –, une femme un peu plus libre que les autres au début du XXe siècle, habituée à surveiller les nuages et à se méfier de l'orage, fréquent dans cette région, et qui se fit surprendre par la foudre.

Rose Flanchet savait pourtant tout ce qu'il faut savoir de l'orage : que quand viennent le vent, les nuages noirs et la grêle, il ne faut surtout pas s'abriter sous un arbre ni dans une grotte, qu'il faut se tenir loin des clôtures et des crêtes, ne pas brandir d'objet métallique au-dessus de sa tête, ne pas se tenir debout jambes écartées ni marcher à grands pas, et qu'il faut se pelotonner au sol, se mettre en boule – elle savait tout cela mais laissa la foudre venir à elle.

Rose Flanchet y avait toujours échappé, bien que vivant parmi les épicéas et les hêtres, elle connaissait la nature quand elle est enragée, les mouvements erratiques du ciel, savait distinguer les éclairs linéaires des éclairs à méandres, rayonnants ou en chapelet ; et sa chienne captait les effluves d'électricité dans l'air plusieurs heures avant le début de l'orage, les premières décharges lointaines lui hérissaient le poil, annonçant la catastrophe à venir.

Mais ce jour-là, alors que le tonnerre grondait, que le ciel était lacéré d'éclairs, et qu'elle avait décidé d'aller se promener seule, Rose resta figée sous une pluie battante, tête renversée à boire l'eau noire de l'orage, extatique, inconsciente du danger et de la violence, méprisant la foudre qui souvent tue, elle le savait, attirée comme un aimant par tout ce qui est vivant, qui s'insinue sous les vêtements, sous l'épiderme, qui brûle les yeux, consume les poils, les cheveux, roussit les barbes, tuméfie les sexes.

Rose avait déjà eu l'occasion de voir des victimes de l'orage, un homme foudroyé à la tête gonflée, aux tempes perforées, un autre au corps carbonisé, réduit en cendres, et même la silhouette sombre d'un pauvre berger inscrite sur le mur de la bergerie devant laquelle il était tombé mort. Elle savait aussi que la foudre produit des effets étranges, surnaturels, qu'elle avait brûlé la main d'un cantonnier jusqu'à l'os dans son gant de cuir demeuré intact, qu'elle avait au contraire désagrégé la chaussure d'un autre sans atteindre son pied, qu'elle a aussi le pouvoir de déshabiller ses victimes – et l'on retrouve alors les vêtements déchiquetés éparpillés quelques mètres plus loin –, qu'elle avait frappé une femme enceinte qui avait accouché quelques heures plus tard d'un bébé au corps grillé, pareil à un poulet en broche, qu'elle interrompt parfois définitivement les règles des jeunes filles et fait resurgir celles des femmes ménopausées, qu'elle provoque une multitude de maux et que nombre d'histoires risibles ou épouvantables circulent à son sujet.

La foudre est animée d'intentions subtiles, elle cible sa victime avec précision, elle désigne celui qu'elle frappe d'une boule de feu ou d'un jet de lumière – pas un homme, pas une femme qui ne sache cela dans tout le Vercors, pas une épouse de garde forestier qui n'ait appris à se méfier de la foudre comme de la peste, et pourtant Rose Flanchet se tenait là debout sous un pin, elle ne s'abrita pas, n'accomplit aucun des gestes élémentaires de protection, elle attendait le feu, défiait la foudre, se pensait peut-être intouchable, femme de la forêt qui avait échappé à des dizaines d'orages, qui connaissait chaque arbre de ce massif, chaque rocher et chaque oiseau, elle décida d'affronter la tempête, écarta les jambes, leva les bras vers le ciel foncé, un velours sombre et détrempé, sa chienne gémit, roulée en boule à ses pieds, ne reconnaissait plus sa maîtresse, et la foudre tomba dans un fracas sonore qui déchira les tympans de l'animal, frappa la femme qui sentit une poussée formidable sur ses omoplates, ses épaules, comme si la forêt tout entière s'était effondrée sur son dos, et elle perdit connaissance.

On ne retrouva Rose Flanchet que le lendemain matin, toujours inconsciente, écroulée sous son arbre, la chienne devenue sourde veillant à ses côtés, on tâta son pouls, elle était encore vivante, on la ramena en civière jusqu'à sa petite maison de galets et de pierre, le médecin appelé à son chevet la fit déshabiller. Il en avait soigné des femmes et des hommes frappés par la foudre, des peaux fulgurées, ecchymosées, pleines de cloques, partant en lambeaux, il en avait observé à la loupe des macules et des rosaces sanglantes, mais jamais il n'avait vu un tel prodige.

Sur le torse et les seins de Rose étaient imprimés, comme au plomb, les contours de l'arbre sous lequel elle se tenait quand la foudre avait frappé. On distinguait nettement le tronc et les branches, le relief de l'écorce. Le médecin pensa d'abord que la foudre avait épaissi le sang dans les vaisseaux, rendant visibles à fleur de peau leurs tracés, pouvant évoquer la forme d'un arbre. Mais les lignes ne s'atténuant pas au fil des heures, se détachant même avec de plus en plus de netteté, il ne pouvait s'agir que d'une image produite par la foudre elle-même sur un corps devenu plaque sensible, l'aura incendiaire de la forêt.

Rose fut ensuite basculée sur le ventre et on découvrit alors sur l'envers d'autres empreintes, feuillages, branche de hêtre, fougère. Le dessin était brun, sec, une belle ligne courbe, légèrement bombée, d'un millimètre environ, son dos était littéralement le négatif de la forêt.

Mais le plus grand étonnement fut suscité par l'apparition quelques jours plus tard de trois nouvelles empreintes, celles d'une pièce de monnaie et d'un petit couteau qui se trouvaient au fond de la poche ventrale du tablier et celle du médaillon que Rose portait autour du cou, dont les contours, bien que moins nets que ceux des arbres, étaient désormais tout à fait visibles et identifiables. L'inscription d'objets métalliques et conducteurs fut sans doute plus facile à expliquer mais rien ne permit de comprendre pourquoi leur dessin s'était formé si tard, remonté des profondeurs du derme.

C'est ainsi qu'Esther Moise raconta à sa fille Ninon comment la nature avait marqué du sceau de son autorité le corps vulnérable de son arrière-grand-mère. Elle raconta aussi à quel point Rose Flanchet avait toujours été fière de ses tatouages, les considérant comme le signe de son élection. Rose se remit en quelques jours de la commotion, ne garda aucune autre séquelle que ces dessins incarnés, devint célèbre dans la région, se fit photographier, témoigna en public, laissa les médecins prélever quelques fragments de peau et tester l'acidité de son épiderme, en aima davantage encore les temps orageux et les ciels lourds mais ne s'exposa plus jamais à la foudre, craignant peut-être qu'une deuxième fulguration ne fît cette fois disparaître ses tatouages aussi mystérieusement qu'ils étaient apparus.

Rose se passionna toute sa vie pour d'autres cas extraordinaires rapportés par la littérature scientifique ; fidèle à la tradition familiale de la consignation, elle les reporta dans un carnet, transmis à sa petite-fille, Esther : ainsi, l'histoire d'un marin sur son navire en pleine tempête qui reconnut, imprimé sur son bras, le fer à cheval qu'il avait cloué au mât quelques heures plus tôt. Ou, plus prodigieux encore, l'histoire des moutons foudroyés. Les bêtes, qui paissaient dans un pré entouré d'un bois, furent surprises par l'orage et la foudre tua une partie du troupeau. Après le drame, le berger entreprit de dépouiller ses animaux pour récupérer leur laine et leur viande, il découvrit alors sur l'intérieur de la peau de chaque mouton foudroyé, une fois lavée des lambeaux de chair, comme une gravure de la nature environnante – et la totalité des bêtes mortes disposées les unes à côté des autres reconstituait, en panoramique, la totalité du paysage. On pouvait reconnaître les déclivités du terrain, l'espèce des arbres, les talus, peut-être même la forme des nuages.

Le souvenir de cette arrière-grand-mère, de cette ancêtre tatouée par le feu, inscrite dans l'histoire extravagante d'une famille préférant toujours le merveilleux à la raison, l'exception à la logique, et aspirant à la distinction, se rappelle aujourd'hui à Ninon sous la forme d'un conte à la fois noir et gai, comme un signe lointain, celui d'une autre vie marquée par la peau et d'un dénouement heureux.

Ninon aborde sa deuxième séance de tatouage pleine d'allant, sa peau assoiffée a bu l'encre et bien cicatrisé, le noir est étale, d'un lisse parfait. Les premiers jours, elle observait son bras avec fascination, exaltée par son geste, même si parfois traversée par un éclat de panique. La tatoueuse l'avait mise en garde, le tatouage provoque une satisfaction intense dans les premiers instants puis, si on ne le regrette pas, on l'oublie vite, au bout de quelques jours on ne le voit même plus, et Ninon l'a en effet vite oublié, dépitée de constater qu'une émotion aussi vive pouvait se dissoudre en si peu de temps, impatiente de retrouver l'ivresse passée, et pressentant que cette mécanique émotionnelle serait sans fin, une forme atténuée de la quête éperdue des toxicomanes, toujours recommencer pour retrouver cette fièvre qu'on n'a pas su faire durer.

Rituel de préparation du plan de travail identique mais bande-son modifiée, à dominante hip-hop cette fois, et c'est reparti pour trois heures de tatouage, l'aiguille qui descend lentement le long du bras, la douleur familière maintenant, presque agréable, le silence entre elles, la confiance, concentration d'une part, vagabondage mental de l'autre.

À la pause clope, la tatoueuse raconte son plus beau souvenir, l'histoire d'une femme de cinquante ans dont elle a tatoué la poitrine après une mastectomie : guérie d'un cancer du sein, elle était venue au salon pour se faire tatouer une série de motifs qui camoufleraient les cicatrices de l'ablation, elle avait choisi des fleurs et des ronces emmêlées, un oiseau, un papillon coloré et une coccinelle à la place du mamelon, comme un jardin d'Éden, un paradis perdu qui prospérerait là où ses seins avaient disparu. Une plaque commémorative aussi, un memento mori. Plutôt que de recourir à la chirurgie réparatrice, de se faire poser des implants mammaires, parce qu'elle n'y tenait pas, peut-être parce qu'elle n'en avait pas les moyens, cette femme avait choisi de remplacer, ou de figurer sa poitrine par un tatouage ornemental, pour dissimuler l'absence autant que pour la révéler.

Ninon envisage aussitôt les tatouages de la femme amputée comme des peintures de guerre, le dessin sur son corps comme un défi, une provocation et une protection, imagine une femme téméraire, son buste décoré qui attire tous les regards à la plage, émerveille et effraie, inspire le respect et la crainte, une femme qui tente de retourner à son avantage ce que la vie lui a infligé, on l'a amputée alors elle se greffe et s'augmente, d'un tatouage qui devient un organe, une femme chirurgienne d'elle-même, qui se répare toute seule, se bricole un nouveau corps, une prothèse à l'encre plutôt qu'en silicone, une mutante qui a choisi sa mutation – pour oublier et pas. Cette mémoire paradoxale du corps c'est celle que veut convoquer Ninon en se faisant tatouer ; que la peau consigne la vie, que le tatouage l'archive, et recouvre tout.

Ninon se souvient qu'au plus fort de la douleur elle aurait imploré un chirurgien de lui couper les bras, de la débarrasser de cette insupportable présence organique ; aujourd'hui elle entend les brandir à la face du monde, afficher son corps tragique.

Elle attend maintenant avec impatience chaque nouvelle séance, une fête renouvelée, un rituel rassérénant ; de semaine en semaine, de mois en mois, elle observe un bras puis l'autre se noircir, et à mesure que sa peau est contaminée elle imagine que l'encre la renforce, renforce son enveloppe en la redoublant, comme une fine combinaison en néoprène, une pellicule de pigments qui formerait un écran infranchissable, elle se représente chaque pore de sa peau se remplissant d'encre, le tatouage la protège, le tatouage l'aurait peut-être protégée de l'allodynie, un tatouage médicinal, prophylactique, qui aurait repoussé les assauts de la maladie ; et l'aurait peut-être soulagée de la douleur une fois le mal déclaré car – c'est ce que lui apprend la tatoueuse et Ninon se lamente qu'aucun des médecins ou des guérisseurs consultés ne lui ait proposé un tel traitement – le tatouage est aussi un remède, on l'utilise comme l'acupuncture ou la petite chirurgie, on trace des points, des traits et des croix sur la zone douloureuse, des dessins qui suivent le trajet des nerfs, un réseau anatomique caché, qui facilitent, détournent ou bloquent la circulation des fluides et des humeurs lymphatiques.

Au bout de dix séances de trois heures, les deux bras de Ninon sont tatoués de l'épaule au poignet, sur les deux faces, ses mains restées blanches aimantent le regard, deux petites bêtes qui s'agitent au bout des avant-bras noirs – eux sont comme des boas –, elles ont l'air encore plus pâles, presque maladives, et cette étrangeté réjouit Ninon.

Elle admire dans le miroir sa nouvelle nudité, sa splendide bichromie, une bizarrerie qui lui donne de l'assurance, elle le sent, sa peau vierge veinée de bleu d'où surgissent ces deux bras ébène conquérants, lucifériens, des bras de sorcière, un noir-lumière qui impressionne.

Esther Moise, qui ne voit, ne connaît et n'aime le monde qu'en noir et blanc, serre encore une fois sa fille dans ses bras – c'est devenu le seul langage disponible –, comme tu es belle, et interprète ce tatouage dément comme un signe, un geste dans sa direction, pour retrouver le fil du récit peut-être.

Mais si Ninon se laisse étreindre, ses pensées agitées par les séances de tatouage la portent ailleurs, vers une autre famille d'élection, une autre lignée, horizontale celle-là, transversale. Ninon, guérie de la malédiction, forte de sa nouvelle peau, se rêve désormais héritière d'une autre histoire, fantasme une nouvelle ascendance, se voit maintenant enfant ou plutôt sœur de ces marins qui, pour tuer le temps pendant les longues traversées, se tatouaient mutuellement avec des outils rudimentaires – cinq aiguilles réunies et fixées à l'extrémité d'un bout de bois – et des pigments de fortune, du vermillon et de l'encre de Chine, du noir de fumée ou du cacao, et de l'eau-de-vie pour nettoyer. Se voit sœur des taulards et des criminels qui se tatouaient dans leurs geôles avec des morceaux de verre ou des pierres acérées et de la brique pilée, désinfectant leur peau à la salive ou à l'urine. Se voit sœur de tous les voyous qui ont bravé l'interdiction de l'Église – on ne modifie pas le corps que Dieu nous a donné –, qui pratiquaient le tatouage, la bousille comme on disait, au fond d'un atelier, sous un escalier, dans une arrière-salle de café, se coupant la peau avec un éclat de coquille Saint-Jacques enduite d'encre. Se voit sœur des soldats des Bat' d'Af', les bataillons d'Afrique du Nord, ce corps d'épreuve qui intégrait les conscrits du service national au casier judiciaire bien fourni, des hommes sombres couverts d'emblèmes militaires et patriotiques, de noms de villes et de bateaux, d'inscriptions érotiques sur le bas-ventre – « robinet d'amour » –, de messages mélancoliques ou vengeurs, évoquant la trahison d'une femme, les humiliations et les violences subies – « mort aux femmes infidèles », « enfant du malheur ». Et se voit sœur de ces premières femmes tatouées, prostituées, apaches, artistes de cirque, femmes pirates et mauvaises filles.

Se voit sœur de tous ceux-là qu'elle énumère en silence, tandis que sa mère relâche enfin son étreinte, se voit bien quitter sa terre, rejoindre ceux qui s'inventent des identités provisoirement incrustées dans l'épiderme, et qui mourront avec eux, se désagrégeront dans le cercueil à mesure que le corps pourrira pour redevenir poussière et moisissure, que la peau s'effritera comme du papier, rejoindre ceux qu'elle imagine vivre sans perspective de transmission ou d'héritage, sans continuité ni horizon.

Le tatouage aura ainsi eu sur Ninon cet effet fantasmatique démesuré, sans doute grotesque et éphémère, un effet qu'on suppose accusé par son jeune âge et par l'épreuve traversée, amplifié autant qu'excusé : loin d'interrompre la machine à fictions tant décriée, le roman familial honni, Ninon active un autre récit de soi, se fabrique à son tour une identité, de fille tatouée et fière de l'être, l'envisageant comme un affaiblissement de l'identité originelle, se figurant sa dissolution dans l'encre, sa réduction sous les assauts de l'aiguille. Ninon, qui l'a tant reproché à sa mère, se raconte des histoires, histoires d'auto-engendrement et d'émancipation, échafaude même le projet de s'effacer tout entière, de se tatouer jusqu'au bout des doigts pour recouvrir et brouiller ses empreintes digitales – mais la peau ne s'efface pas Ninon, elle t'assigne définitivement, tu auras beau aspirer à la moindre des infamies identitaires, tu auras beau te brûler la pulpe des doigts, les tremper dans un bain de feu et d'acide, les empreintes se reforment toujours, se reconstituent sans fin, et tu resteras Ninon Moise, fille d'Esther Moise.

Ninon a connu Jérémie sur Tinder, elle avait téléchargé l'application sur son iPhone quelques jours après la dernière séance de tatouage, voulait rencontrer rapidement quelqu'un, coucher le plus vite possible, ne pas s'embarrasser de longues discussions au café, de phases d'approche et d'atermoiements. Tinder est, dans ces conditions, la technique de drague la plus rentable et la plus directe, une photo, une géolocalisation, le doigt qui glisse sur la droite pour dire « tu me plais », sur la gauche pour ignorer le profil de l'utilisateur, si ça coïncide on échange quelques mots et on se donne rendez-vous dans le quartier. C'est exactement ce que désirait Ninon, qui avait déjà bien trop attendu, qui aimait l'idée que Tinder propose à deux peaux de se rencontrer facilement dans une même aire géographique, elle trouvait ça malin et efficace, un outil d'émancipation supplémentaire, pourvu que les corps exultent.

Ils se retrouvent au Café des Anges près de la place Clichy à dix-huit heures ; Jérémie a vingt-deux ans et plaît immédiatement à Ninon : blond vénitien, efflanqué, des yeux légèrement bridés, un strass à l'oreille droite, étudiant en master de sociologie, dégageant une odeur d'eau de Cologne citronnée et un air doux – idéal pour une première fois.

Installés au fond de la salle, ils boivent, lui des bières, elle des vodkas-tonic pour se donner du courage, et l'impressionner. Ils échangent quelques dizaines de phrases sur leurs études respectives, sur les bars de leur quartier commun, sur le dernier album de PNL, puis la conversation faiblit, ils se regardent en silence et sans gêne, savent qu'ils se plaisent, que ce n'est qu'une question de temps, le temps qu'ils s'imposent, qu'ils jugent décent, approprié, avant de monter, peut-être encore une demi-heure de paroles et on ralliera la chambre de bonne de Jérémie rue Saint-Lazare, toute proche. Puis, c'est un mois d'avril doux, Ninon ôte son pull, fait chaud ici, découvre alors ses bras tatoués que Jérémie accueille d'un waouh surpris et admiratif, sensible à la charge érotique du noir, et d'ailleurs il bande, à l'abri sous la table de bistro.

Il ne pose aucune question sur l'émouvante découverte, juste : bon, on y va ? Et alors le mouvement s'accélère, un billet jeté sur la table, la main de Jérémie sur la taille de Ninon, qui ne la repousse pas, deux minutes plus tard on monte les marches deux par deux jusqu'au sixième étage, on se précipite à l'intérieur de la chambre, on s'empoigne, on s'embrasse – la langue maladroite de Ninon, comme étrangère, un petit animal qui frétille, puis le mouvement de rotation se fluidifie, elle se cale sur la langue élastique et souple de Jérémie, son goût amer de bière –, on se déshabille à la va-vite, un peu empotés, un talon de basket qui coince, un bouton de jean récalcitrant, un t-shirt trop serré, Ninon ne dit pas à Jérémie que c'est la première fois, qu'il faudrait y aller doucement, elle se tait, prend son élan, ne craint rien, ça y est ils sont nus sur le canapé-lit, Jérémie au-dessus de Ninon, peau contre peau, celle de Jérémie est couleur craie virant sur le rose pâle, semée de taches de rousseur, les veines y sont très apparentes, on peut suivre leur tracé sur l'intérieur du bras, une peau qui sent le gel douche tonique, le tabac froid et l'ail.

La peau de Ninon chauffe au contact de celle de Jérémie, se couvre d'auréoles rouges, tandis que ses bras restent froids, comme si le noir les préservait, les isolait de toute chaleur, repoussait la lumière ; et dans l'étreinte Ninon ressent précisément les deux régimes calorifiques de son corps, ses bras qui à nouveau se distinguent, saillants, au lieu de se fondre dans l'amour, c'est une sensation pénible, blessante, que Ninon repousse en embrassant plus fort, en invitant Jérémie à s'enfoncer plus loin – une douleur vive mais brève, comme un bois sec qui craque, et Ninon, souffle court, est heureuse.

Ils se sont à moitié rhabillés et glissés sous les draps, fument une clope après l'amour comme dans les films, du tabac roulé Amsterdamer aux arômes sucrés, essaient de dessiner des volutes de fumée la bouche en cœur, Jérémie saisit Ninon par le cou, alors raconte-moi cette histoire de tatouage.

Ninon ne dit rien de sa famille, de l'allodynie, de la guérison, mais raconte volontiers ce tatouage orgueilleux, les heures passées sous l'aiguille, n'invoque comme raisons que son désir, la beauté et l'étrangeté, et cela suffit à Jérémie, sous le charme, qui se demande à haute voix si lui aussi ne se ferait pas un tatouage, tiens là sur l'épaule, une pieuvre par exemple avec les tentacules qui viendraient s'enrouler autour du biceps. Il caresse le bras de Ninon comme du velours, s'émerveille de la profondeur du noir, c'est dingue Ninon ce que tu as fait, on va se revoir j'espère.

Ils dorment une heure enlacés, la nuit est largement entamée quand ils se réveillent, ils fument encore au lit et ouvrent des canettes de bière, éventrent des paquets de chips, parlent un peu, des manifs et de Facebook – et rien dans les propos et les réponses parfois évasives de Ninon ne la trahit, ne trahit ses mois, ses années d'isolement, la béance dans son existence, maintenant refermée, l'illusion est parfaite, d'une fille comme les autres et d'une vie banale.

Ils font l'amour à nouveau, très vite, sont saouls de bière et du reste, et alors que Ninon s'endort Jérémie se tourne vers elle, bien calé sur un coude se penche à son oreille, toi qui aimes les tatouages Ninon écoute ça, tu vas adorer. Et comme pour la bercer il raconte d'une voix chuchotée :

Ça se passe sur l'île de Banaba dans l'océan Pacifique, une minuscule île de six kilomètres carrés sur laquelle vivent trois cents Banabans, ceinturée d'une barrière de corail et couverte de gisements de phosphate. Ce sont les merdes des oiseaux nichés sur les rochers alentour qui en sombrant dans l'eau se sont pétrifiées à l'intérieur du récif et transformées en phosphate. L'île de Banaba repose donc sur des excréments d'oiseaux, des couches et des couches empilées qui ont fini par affleurer au-dessus du niveau de la mer.

Mais si je te parle des Banabans c'est parce qu'ils pratiquent l'art du tatouage. Ils taillent de grosses aiguilles dans du bois d'amandier ou de la carapace de tortue qu'ils trempent dans une encre pâteuse faite de cendres de noix de coco mélangées à du sel et diluées dans l'eau. Leur corps est intégralement couvert de tatouages, tête comprise, et ce sont toujours les mêmes motifs, simples et répétitifs, des lignes et des courbes d'où partent des plumes.

Ainsi ornés les Banabans sont prêts pour la mort, prêts pour l'au-delà. Ni enterrés, ni brûlés, ni jetés à la mer, leurs cadavres sont exposés à l'air libre, on attend patiemment que la chair pourrisse, que le squelette apparaisse, puis on le lave et on enfouit séparément les os et le crâne. Et c'est là que ça devient intéressant Ninon, c'est là que tu es concernée – Ninon, paupières closes, souffle régulier, attentive –, une fois morts l'âme des Banabans quitte leur corps pour s'envoler vers l'ouest de l'île où se tient une redoutable divinité, Nei Karamakuna, la femme à tête d'oiseau ; elle arrête les âmes dans leur élan, exige sa pitance en échange d'un droit de passage – Jérémie sûr de son effet, Ninon ouvre les yeux, les ferme à nouveau –, et c'est de tatouages que se nourrit Nei Karamakuna.

La femme à tête d'oiseau mange les dessins gravés dans la peau des morts, elle les arrache avec son bec, aspire l'encre, et une fois repue témoigne sa reconnaissance aux morts en les laissant continuer leur route, et surtout en leur offrant de nouveaux yeux, aussi perçants que ceux des esprits, un nouveau regard qui permettra aux défunts de circuler dans l'au-delà.

Mais qu'arrive-t-il aux non-tatoués Ninon ? Quel funeste sort leur est réservé ? Furieuse d'être privée de nourriture, la femme à tête d'oiseau leur crève les yeux de son bec acéré. Les non-tatoués, devenus aveugles, sont condamnés à se perdre sans fin dans les méandres de l'enfer.

Et toi Ninon, est-ce que tu prépares ton voyage vers l'au-delà ? Si après ta mort tu croises la femme à tête d'oiseau elle trouvera sur tes bras de quoi se rassasier pour des siècles, toute cette encre stockée dans ta peau qu'elle boira jusqu'à la dernière goutte, tu les auras bien mérités tes nouveaux yeux, tu seras la grande voyante au pays des ténèbres.

Allez, on dort un peu, j'ai cours tout à l'heure, Jérémie sombre immédiatement tandis que Ninon, tout à fait alerte, tout à fait réveillée par la légende des Banabans, a les yeux grands ouverts et les rêveries qui galopent. Elle s'était réinventée en voyou tatoué, et à présent, enclose dans la nuit parisienne, cette chambre de bonne, ces draps tièdes, elle imagine sa grande migration vers l'île de Banaba à la rencontre de la femme à tête d'oiseau ; Ninon n'échappera pas à la puissance des mythes, n'en finit pas de quérir une histoire dans laquelle se blottir ou se dissoudre, quelque chose à raconter à propos de sa vie car il n'est pas d'expérience pure, il n'est pas d'expérience sans récit, Ninon un peu perdue, qui mue, laissant derrière elle sa vieille peau, l'enveloppe ancestrale, déchue d'elle-même et à la reconquête de soi, cherchant la déprise pour avancer vers d'autres attachements, d'autres liens volontaires et d'autres emprises ; il n'y aura aucune vacance possible, pas de mémoire effacée ni de solitude absolue, pas d'abolition du temps ni de génération spontanée.

Ninon Moise, vingt ans, engendrée, grandie, malade, guérie, tatouée, aimée, et maintenant le jour qui point à travers la lucarne de la chambre de bonne, le ciel qui s'éclaircit, le chant du merle, le moteur pneumatique d'un camion poubelle, la respiration profonde de Jérémie à ses côtés, des pas dans le couloir, les premières voitures au loin, le beat sourd de son cœur qui cogne un peu trop fort, d'autres merles puis des passereaux, le réveil digital qui sonne – impulsions courtes et longues comme un message en morse –, un rayon de soleil sur le lit, sur les bras noirs et mats dépassant du drap, frêle sensation de chaleur sur la peau, des éclats de voix qui montent de la rue jusqu'au sixième étage, la peinture qui s'écaille au plafond et une ampoule nue, des auréoles brunes d'humidité, les vêtements éparpillés, une odeur de café qui vient d'ailleurs, une planche sur des tréteaux encombrée de livres et de canettes vides, l'écran d'ordinateur en veille – des volutes colorées –, un petit fauteuil en mousse, la vibration d'un portable derrière le mur mitoyen, un micro-ondes sur un tabouret haut, quelqu'un crie, une vue de Paris en noir et blanc punaisée de travers, bruits de porte qu'on ferme à clé, pneus qui crissent et klaxon, Jérémie qui grogne – une toux rêche –, chien qui aboie, jour levé tout à fait, temps clair, et une odeur âcre dans cette chambre, bière, tabac froid, sperme et sueur mêlés, corps qui exsudent – la vie, la vie, la vie se dit Ninon, dégageant la couette d'un geste ample, découvrant son corps nu et courageux, la vie décidément.

Le personnage de Louise Tempe est inspiré de Fini Straubinger, telle qu'elle a été filmée par Werner Herzog dans Pays du silence et de l'obscurité *en 1971.*

DU MÊME AUTEUR

Boys, Boys, Boys
Gallimard, 2005
et « Folio », n° 4571

Du bruit
Gallimard, 2007
et « Folio », n° 4837

14 femmes
Pour un féminisme pragmatique
(avec Gaëlle Bantegnie, Yamina Benahmed Daho
et Stéphanie Vincent)
Gallimard, 2007

Gros Œuvre
Gallimard, 2009

Popville
(illustrations d'Anouck Boisrobert et Louis Rigaud)
Hélium, 2009, 2017

Femmes et Sport
(co-direction d'ouvrage avec Maylis de Kerangal)
Hélium, 2009

Pas de pitié pour les baskets
(illustrations d'Olivier Tallec)
Hélium, 2010
Actes Sud junior, 2013

L'Inhabitable
Alternatives, 2010
Gallimard, 2016

Paris Gare du Nord
Gallimard, 2011

Comme une bête
Gallimard, 2012
et « Folio », n° 5698

Parce que ça nous plaît
L'invention de la jeunesse
(avec François Bégaudeau)
Larousse, 2013

Lit national
(illustrations de Frédéric Lecloux)
Le Bec en l'air, 2014

La Peau de l'ours
Gallimard, 2014
et « Folio », n° 6081

Blob, l'animal le plus laid du monde
(illustrations d'Olivier Tallec)
Actes Sud junior, 2015

La Discothèque
Steinkis Éditions, 2017

RÉALISATION : NORD COMPO À VILLENEUVE-D'ASCQ
IMPRESSION : CPI FRANCE
DÉPÔT LÉGAL : AOÛT 2018. N° 138695 (3029230)
IMPRIMÉ EN FRANCE